"十三五"职业教育国家规划教材

高等职业院校教学改革创新教材·计算机系列教材

办公软件高级应用任务驱动教程
（Windows 10 + Office 2016）

陈承欢　聂立文　杨兆辉　编著

电子工业出版社

Publishing House of Electronics Industry

北京·BEIJING

内 容 简 介

本书从办公软件的实际应用出发，以 Windows 10 + Office 2016 为平台，通过分步训练、引导训练、创意训练 3 个层次的训练，全面提升学习者应用办公软件处理日常事务的能力，促进其养成良好的职业习惯。

全书分为 12 个教学单元：Word 编辑设置文档、Word 制作美化表格、Word 加工复杂文档、Word 制作批量文档、Excel 输入与编辑数据、Excel 处理与计算数据、Excel 统计与分析数据、Excel 展现与输出数据、设计与制作文件解读 PPT、设计与制作景点赏析 PPT、设计与制作宣传推广 PPT 和设计与制作教学培训 PPT。本书采用任务驱动、问题导向、线上线下相结合的教学模式，将整个教学过程贯穿于完成工作任务的全过程，内容组织以实际工作任务为载体，共设置了 54 项训练任务，强化了规范化、职业化的操作训练，力求满足各方面的使用需求。

本书可以作为普通高等院校、高等或中等职业院校和高等专科院校各专业办公软件高级应用的教材，也可以作为办公软件高级应用的培训教材及自学参考书。

未经许可，不得以任何方式复制或抄袭本书之部分或全部内容。
版权所有，侵权必究。

图书在版编目（CIP）数据

办公软件高级应用任务驱动教程：Windows 10+Office 2016／陈承欢，聂立文，杨兆辉编著.
—北京：电子工业出版社，2018.8
ISBN 978-7-121-34598-2

Ⅰ．①办…　Ⅱ．①陈…　②聂…　③杨…　Ⅲ．①Windows 操作系统－高等学校－教材②办公自动化－应用软件－高等学校－教材　Ⅳ．①TP316.7②TP317.1

中国版本图书馆 CIP 数据核字（2018）第 137792 号

策划编辑：程超群
责任编辑：韩玉宏
印　　刷：涿州市京南印刷厂
装　　订：涿州市京南印刷厂
出版发行：电子工业出版社
　　　　　北京市海淀区万寿路 173 信箱　邮编 100036
开　　本：787×1 092　1/16　印张：17　字数：435.2 千字
版　　次：2018 年 8 月第 1 版
印　　次：2021 年 7 月第 6 次印刷
定　　价：45.00 元

凡所购买电子工业出版社图书有缺损问题，请向购买书店调换。若书店售缺，请与本社发行部联系，联系及邮购电话：（010）88254888，88258888。

质量投诉请发邮件至 zlts@phei.com.cn，盗版侵权举报请发邮件至 dbqq@phei.com.cn。
本书咨询联系方式：（010）88254577，ccq@phei.com.cn。

前言

随着各行各业办公自动化程度的提高,在学习和工作中熟练使用办公软件已成为办公人员的必备技能之一。本书从不同层次学习者对办公软件高级应用的需要出发,将办公软件的理论知识、操作方法和实用技巧融入到实际工作任务中,以 Windows 10 + Office 2016 为平台,通过分阶段的操作训练,全面提升学习者应用办公软件处理日常事务的能力,促进其养成良好的职业习惯。

本书期待实现以下目标:覆盖经典应用、解决常见问题、囊括实用技巧、精彩方法实现,力求使本书成为学习者的工作帮手和学习助手。

本书的写作思路如下。

(1)操作方法的条理性与案例选取的典型性相结合。

由于 Office 办公软件的应用主要包括 Word、Excel 和 PowerPoint 3 个方面,涉及的理论知识和操作方法非常多,本书不可能全部囊括,只能选取在实际工作中常用的知识和常见的方法,在"在线学习"和"方法指导"两个环节中对这些常用知识和常见方法通过列表、比较等方法进行条理化、系统化展示,避免出现"只见树木,不见森林"的问题。

在实际工作中,办公软件方面的应用案例非常多,但其实现方法大同小异。本书精选典型性、实用性的案例,选用典型方法,达到举一反三、触类旁通的目的。

(2)知识应用的简洁性与问题驱动的策略性相结合。

为了满足学习者的不同需要,本书设置了 3 个层次的训练:分步训练、引导训练和创意训练。其中"分步训练"环节为基础训练环节,主要针对基础知识和基本方法进行分步验证训练,以满足学习者熟练掌握基础知识和具备基本技能的需要;"引导训练"环节为综合训练环节,主要针对文档处理、数据处理和 PPT 制作的具体实现方法,引导学习者思考、领会知识的应用,熟悉操作方法和实用技巧,以满足学习者按规定要求快速完成规定工作任务的需要;"创意训练"环节则只给出具体的任务描述和必要的操作提示,具体的实施步骤和方法由学习者自行确定,训练学习者灵活运用所掌握的各种方法完成指定任务的能力,提升学习者分析问题、解决问题、拓展知识面的综合能力,提升创新思维能力,以满足遇到问题时自行解决难题的需要。

(3)案例实现的专业性和知识更新的动态性相结合。

通过专业训练和专业指导,使学习者成为文档处理、数据加工、PPT 制作的专业人员。本书期待给学习者以专业级的指导,让使用者成为专业人士。

由于 Office 的功能不断完善,操作方法越来越简便,本书充分考虑软件升级、知识更新的需要,各个案例的实现均采用 Windows 10 + Office 2016 最新平台,采用最简洁的实现方法,以节省学习者的宝贵时间,让学习不过时。

(4)线上学习和线下学习相结合。

本书充分利用智能手机等信息化教学手段,采用翻转式学习方式,在"在线学习"环节,学习者通过扫描二维码获取内容,并在线学习相关知识(在线学习内容约 144 页、230 千字)。在"创意训练"环节的"任务描述"和"操作提示",学习者也通过扫描二维码的方式浏览,以激发学习兴趣,提高教学效率。

对于"方法指导"、"分步训练"和"引导训练"环节,则需要通过课堂互动交流、操作实践方式学习。

本书具有以下特色和创新。

（1）认真分析相关职业岗位办公软件高级应用的需求，保证教学案例的真实性和有效性。

对办公室文员、干事、秘书、宣传策划人员、培训师、教师、数据分析统计人员、产品推销人员、活动策划组织人员等岗位对文档编辑与处理、数据计算与分析、PPT设计与制作的需求进行具体分析，从这些岗位的工作内容中获取真实的任务和案例。

（2）遵循学习者的认知和技能成长规律，使其在完成操作任务过程中学习知识和训练技能，逐步掌握方法、熟悉规范、积累经验、养成习惯、增强能力。

全书分为12个教学单元：Word编辑设置文档、Word制作美化表格、Word加工复杂文档、Word制作批量文档、Excel输入与编辑数据、Excel处理与计算数据、Excel统计与分析数据、Excel展现与输出数据、设计与制作文件解读PPT、设计与制作景点赏析PPT、设计与制作宣传推广PPT和设计与制作教学培训PPT。

每个教学单元都设置了5个教学环节：在线学习、方法指导、分步训练、引导训练、创意训练。

（3）采用任务驱动、问题导向、线上线下相结合的教学模式，将整个教学过程贯穿于完成工作任务的全过程。

本书的内容组织以实际工作任务为载体，共设置了54项训练任务。这些训练任务都源于企业、公司、机关、学校在公务活动、经济管理、文件解读、教学培训、宣传推广、会议组织、创业招聘等方面的真实任务，具有较强的代表性和职业性。

（4）强化规范化、职业化的操作训练，力求满足各方面的使用需求。

本书以应用办公软件解决学习、工作、生活中常见问题为重点，强调"做中学、做中会"。不是以学习办公软件应用的理论知识为主线，而是以完成操作任务为主线，使学习者在完成规定任务的过程中熟悉文法和规范，学会办公软件的操作方法，掌握相关知识。

本书兼顾办公软件应用和文法规范，以办公软件应用为重点，同时讲解常见应用文的格式要求和文法要求，因为办公软件只能完成文档和数据的处理，不能控制文法和规范的符合度。

本书由陈承欢、聂立文、杨兆辉编著，颜珍平、郭外萍、侯伟、肖素华、林保康、王欢燕、王姿、张丹、吴献文、谢树新、颜谦和、张丽芳等多位老师参与了教学案例的设计和部分章节的编写工作。

由于作者水平有限，书中难免存在疏漏之处，敬请各位专家和读者批评指正，联系QQ为1574819688。

编著者

目录

单元1 Word 编辑设置文档 ... 1

【在线学习】 ... 1
 1.1 编辑文本 ... 1
 1.2 设置字符格式 ... 1
 1.3 设置段落格式 ... 1

【方法指导】 ... 2
 1.4 应用样式设置文档格式 ... 2
 1.5 创建与应用模板 ... 3
 1.6 页面设置 ... 4
 1.7 分页与分节 ... 6
 1.8 设置页眉与页脚 ... 6
 1.9 插入与设置页码 ... 7

【分步训练】 ... 8
  【任务1-1】 "教师节贺信"文档的格式设置 ... 8

【引导训练】 ... 10
  【任务1-2】 "通知"文档样式与模板的创建与应用 ... 10
  【任务1-3】 "教师节贺信"文档的页面设置与打印 ... 15

【创意训练】 ... 17
  【任务1-4】 编辑设置"感恩节活动方案"文档 ... 17

单元2 Word 制作美化表格 ... 18

【在线学习】 ... 18
 2.1 表格的创建 ... 18
 2.2 表格的编辑调整 ... 18
  2.2.1 表格线的绘制与擦除 ... 18
  2.2.2 表格与行、列的移动与缩放 ... 18
  2.2.3 单元格、行、列和整个表格的选定操作 ... 19
  2.2.4 行、列、单元格的插入操作 ... 19
  2.2.5 单元格、行、列和表格的删除操作 ... 19
  2.2.6 调整表格的行高和列宽 ... 19
  2.2.7 单元格的合并与拆分 ... 19
 2.3 表格的格式设置 ... 20

【方法指导】 ... 20
 2.4 表格内容的输入与编辑 ... 20
 2.5 表格内容的格式设置 ... 20
 2.6 表格的数值计算与数据排序 ... 21

【分步训练】 ··· 22
　　　　【任务2-1】 创建班级课表 ··· 22
　　【引导训练】 ··· 27
　　　　【任务2-2】 计算商品销售表的金额和总计 ······························· 27
　　【创意训练】 ··· 28
　　　　【任务2-3】 制作个人基本信息表 ··· 28
　　　　【任务2-4】 制作培训推荐表 ·· 28

单元3　Word加工复杂文档 ··· 29

　　【在线学习】 ··· 29
　　3.1　设置项目符号与编号 ··· 29
　　3.2　插入与编辑图片 ··· 29
　　【方法指导】 ··· 30
　　3.3　插入与编辑艺术字 ··· 30
　　3.4　插入与编辑文本框 ··· 31
　　3.5　插入与编辑公式 ··· 32
　　3.6　绘制与编辑图形 ··· 33
　　3.7　制作水印效果 ·· 36
　　【分步训练】 ··· 37
　　　　【任务3-1】 编辑"华为P10 Plus简介"实现图文混排效果 ········· 37
　　【引导训练】 ··· 41
　　　　【任务3-2】 编辑加工毕业论文 ·· 41
　　【创意训练】 ··· 50
　　　　【任务3-3】 编辑制作《应用数学》考试试卷 ··························· 50
　　　　【任务3-4】 编辑制作悠闲居创业计划 ······································ 50

单元4　Word制作批量文档 ··· 51

　　【在线学习】 ··· 51
　　4.1　关于"邮件合并" ·· 51
　　【方法指导】 ··· 51
　　4.2　邮件合并的基本过程 ··· 51
　　【分步训练】 ··· 52
　　　　【任务4-1】 利用邮件合并功能制作并打印研讨会请柬 ············· 52
　　【引导训练】 ··· 58
　　　　【任务4-2】 利用邮件合并功能制作毕业证书 ·························· 58
　　【创意训练】 ··· 67
　　　　【任务4-3】 利用邮件合并功能制作产品推介会请柬 ················ 67
　　　　【任务4-4】 利用邮件合并功能制作准考证 ····························· 67

单元 5　Excel 输入与编辑数据 ······ 68

【在线学习】 ······ 68
- 5.1　Excel 的基本工作对象 ······ 68
- 5.2　Excel 工作表的基本操作 ······ 68
  - 5.2.1　工作表的选定与切换 ······ 68
  - 5.2.2　工作表的重命名与插入 ······ 69
  - 5.2.3　工作表的复制、移动与删除 ······ 69
  - 5.2.4　工作表窗口的操作 ······ 69
  - 5.2.5　数据的查找与替换 ······ 69
- 5.3　Excel 行与列的基本操作 ······ 69
- 5.4　Excel 单元格的基本操作 ······ 69
- 5.5　设置单元格格式 ······ 70
- 5.6　调整工作表的行高和列宽 ······ 70

【方法指导】 ······ 70
- 5.7　Excel 数据的输入 ······ 70
  - 5.7.1　Excel 的数据类型 ······ 70
  - 5.7.2　输入文本数据 ······ 70
  - 5.7.3　输入数值数据 ······ 71
  - 5.7.4　输入日期和时间 ······ 72
  - 5.7.5　自动填充数据 ······ 72
- 5.8　数据验证 ······ 74
- 5.9　编辑工作表的内容 ······ 76

【分步训练】 ······ 77
- 【任务 5-1】"企业通信录.xlsx"的基本操作 ······ 77

【引导训练】 ······ 78
- 【任务 5-2】"客户通信录"的数据输入与编辑 ······ 78
- 【任务 5-3】"客户通信录.xlsx"的格式设置 ······ 79

【创意训练】 ······ 82
- 【任务 5-4】"感恩节活动经费决算表.xlsx"的数据输入与格式设置 ······ 82

单元 6　Excel 处理与计算数据 ······ 83

【在线学习】 ······ 83
- 6.1　单元格引用 ······ 83
- 6.2　使用公式计算 ······ 83

【方法指导】 ······ 84
- 6.3　自动计算 ······ 84
- 6.4　使用函数计算 ······ 84

【分步训练】 ······ 92
- 【任务 6-1】产品销售数据的处理与计算 ······ 92

· VII ·

【任务6-2】 找出成绩表的重复数据并予以删除 ······ 93
　　　【任务6-3】 查找成绩表的缺失数据和错误数据 ······ 99
　【引导训练】 ······ 101
　　　【任务6-4】 员工基本信息的加工与处理 ······ 101
　　　【任务6-5】 工资计算与工资条制作 ······ 105
　【创意训练】 ······ 107
　　　【任务6-6】 企业部门人数统计 ······ 107

单元7　Excel统计与分析数据 ······ 108

　【在线学习】 ······ 108
　　7.1　数据的排序 ······ 108
　【方法指导】 ······ 108
　　7.2　常用统计分析函数的功能与格式 ······ 108
　　7.3　数据的筛选 ······ 110
　　7.4　数据的分类汇总 ······ 112
　　7.5　数据透视表和数据透视图 ······ 113
　【分步训练】 ······ 114
　　　【任务7-1】 内存与硬盘销售数据的排序 ······ 114
　　　【任务7-2】 内存与硬盘销售数据的筛选 ······ 115
　　　【任务7-3】 内存与硬盘销售数据的分类汇总 ······ 117
　【引导训练】 ······ 118
　　　【任务7-4】 对多个工作表的数据进行合并与计算 ······ 118
　　　【任务7-5】 课程成绩数据的统计与分析 ······ 119
　　　【任务7-6】 内存与硬盘销售数据的统计与分析 ······ 121
　【创意训练】 ······ 127
　　　【任务7-7】 公司人员结构统计与分析 ······ 127
　【任务7-8】 人才需求量统计与分析 ······ 127

单元8　Excel展现与输出数据 ······ 128

　【在线学习】 ······ 128
　　8.1　Excel图表的作用与类型选择 ······ 128
　【方法指导】 ······ 128
　　8.2　Excel图表的创建与编辑 ······ 128
　　8.3　Excel工作表的页面设置与打印输出 ······ 129
　【分步训练】 ······ 129
　　　【任务8-1】 内存与硬盘销售情况展现与输出 ······ 129
　【引导训练】 ······ 137
　　　【任务8-2】 人才需求情况展现与输出 ······ 137
　【创意训练】 ······ 141
　　　【任务8-3】 班级人员结构展现与输出 ······ 141

单元 9　设计与制作文件解读 PPT·····142

【在线学习】·····142
- 9.1　PowerPoint 的基本概念·····142
- 9.2　PowerPoint 窗口的基本组成·····142
- 9.3　PowerPoint 演示文稿的视图类型与切换方式·····142
- 9.4　演示文稿的创建与保存·····143

【方法指导】·····143
- 9.5　幻灯片的文字设计·····143
- 9.6　幻灯片的段落排版·····145
- 9.7　幻灯片的默认样式·····146

【分步训练】·····147
- 【任务 9-1】　创建演示文稿"任务 9-1.pptx",解读"国务院关于大力推进大众创业、万众创新若干政策措施的意见"·····147
- 【任务 9-2】　创建演示文稿"任务 9-2.pptx",熟悉图形在 PPT 中的应用·····165

【引导训练】·····168
- 【任务 9-3】　创建演示文稿"任务 9-3.pptx",解读"国务院办公厅关于促进电子政务协调发展的指导意见"·····168

【创意训练】·····176
- 【任务 9-4】　创建演示文稿"任务 9-4.pptx",解读"十三五"规划建议的总思路·····176

单元 10　设计与制作景点赏析 PPT·····177

【在线学习】·····177
- 10.1　幻灯片的图片格式与分辨率·····177

【方法指导】·····177
- 10.2　幻灯片的图片选用原则·····177
- 10.3　幻灯片的 SmartArt 图形·····178

【分步训练】·····180
- 【任务 10-1】　创建展示阿坝美景的演示文稿"任务 10-1.pptx"·····180
- 【任务 10-2】　创建演示文稿"任务 10-2.pptx",熟悉 SmartArt 图形在 PPT 中的应用·····190

【引导训练】·····192
- 【任务 10-3】　创建展示阿坝旅游风光的相册"任务 10-3.pptx"·····192
- 【任务 10-4】　创建展示"我的旅程"演示文稿"任务 10-4.pptx"·····194

【创意训练】·····202
- 【任务 10-5】　创建展示西湖十景的相册"任务 10-5.pptx"·····202
- 【任务 10-6】　创建展示九寨沟美景的演示文稿"任务 10-6.pptx"·····202

单元 11　设计与制作宣传推广 PPT ··········· 203

【在线学习】 ··········· 203
- 11.1　幻灯片母版与版式 ··········· 203
- 11.2　使用主题统一幻灯片风格 ··········· 203
- 11.3　快速调整 PPT 字体 ··········· 203
- 11.4　调整 PPT 的页面显示比例和页面版式 ··········· 204

【方法指导】 ··········· 204
- 11.5　更换配色方案 ··········· 204
- 11.6　主题效果和样式 ··········· 205
- 11.7　设计幻灯片模板 ··········· 205
- 11.8　复制与重用幻灯片 ··········· 206
- 11.9　使用表格制作时间轴目录 ··········· 208

【分步训练】 ··········· 209
- 【任务 11-1】　创建展示华为系列产品的演示文稿"任务 11-1.pptx" ··········· 209

【引导训练】 ··········· 220
- 【任务 11-2】　创建推广"IU 画频式娱乐社交即时通信软件系统"的演示文稿"任务 11-2.pptx" ··········· 220

【创意训练】 ··········· 230
- 【任务 11-3】　创建演示文稿"任务 11-3.pptx",熟悉表格在 PPT 中的应用 ··········· 230
- 【任务 11-4】　创建推介"可口可乐的颠覆式社交传播方式"的演示文稿"任务 11-4.pptx" ··········· 230

单元 12　设计与制作教学培训 PPT ··········· 231

【在线学习】 ··········· 231
- 12.1　设置与应用幻灯片动画 ··········· 231

【方法指导】 ··········· 231
- 12.2　设计与制作 PPT 的基本原则 ··········· 231
- 12.3　幻灯片动画设计的基本原则 ··········· 233
- 12.4　设计与制作 PPT 的基本步骤 ··········· 234
- 12.5　设计幻灯片的版面 ··········· 235
  - 12.5.1　幻灯片版面设计的基本原则 ··········· 235
  - 12.5.2　设计封面页 ··········· 236
  - 12.5.3　设计目录页 ··········· 236
  - 12.5.4　设计过渡页 ··········· 238
  - 12.5.5　设计封底页 ··········· 239
  - 12.5.6　设计标题 ··········· 239

【分步训练】 ··········· 240
- 【任务 12-1】　创建企业形象礼仪培训的演示文稿"任务 12-1.pptx" ··········· 240

【引导训练】 255
　　　　【任务 12-2】 创建实用礼仪培训的演示文稿"任务 12-2.pptx" 255
　　【创意训练】 257
　　　　【任务 12-3】 创建时间管理技能培训的演示文稿"任务 12-3.pptx" 257

参考文献 258

单元 1

Word 编辑
设置文档

Word 2016 可以帮助用户创建和共享美观的文档，给 Word 文档设置合适的格式；可以使文档具有更加美观的版式效果，方便阅读和理解文档的内容。文本与段落是构成文档的基本框架，对文本和段落的格式进行适当的设置可以编排出段落层次清晰、可读性强的文档。

【在线学习】

1.1 编辑文本

在编辑文稿时，经常要使用插入、定位、选定、复制、删除、撤销和恢复等操作对文本内容进行编辑修改。通过在线学习熟悉 Word 文档的以下操作方法与相关知识。

（1）如何实现移动插入点？
（2）如何实现定位操作？
（3）如何选定文本？
（4）如何复制与移动文本？
（5）如何删除文本？
（6）如何实现撤销与恢复操作？

1.2 设置字符格式

文档中的字符是指汉字、标点符号、数字和英文字母等，字符格式包括字体、字形、字号（大小）、颜色、下画线、着重号、字符间距、效果（删除线、阴影、下标、上标）等。通过在线学习熟悉 Word 文档的以下操作方法与相关知识。

（1）如何利用 Word【开始】选项卡【字体】组中的命令按钮设置字符格式？
（2）如何利用 Word【字体】对话框设置字符格式？
（3）如何利用 Word 格式刷快速设置字符格式？

1.3 设置段落格式

段落格式设置包括段落的对齐方式、大纲级别、首行缩进、悬挂缩进、左缩进、右缩进、段前间距、段后间距、行间距、换行和分页格式及中文版式等内容。通过在线学习熟悉 Word 文档的以下操作方法与相关知识。

（1）如何利用 Word【格式】工具栏设置段落格式？
（2）如何利用 Word【段落】对话框设置段落格式？
（3）如何利用 Word 格式刷快速设置段落格式？
（4）如何利用水平标尺设置段落缩进？

【方法指导】

1.4 应用样式设置文档格式

在一篇 Word 文档中，为了确保格式的一致性，会将同一种格式重复用于文档的多处。例如，文档的章节标题采用黑体、三号、居中，段前间距为 0.5 行，段后间距为 0.5 行，为了避免每次输入章节标题都重复同样的操作，可以将这些格式设置加以命名，Word 将这些命名的格式组合称为样式，以后可以直接使用这些命名的样式进行格式设置。系统提供了一些默认样式，用户也可以根据需要自行定义所需的样式。

1. 查看样式及相关对话框

在【开始】选项卡【样式】组中单击右下角的【样式】按钮 ，在弹出的【样式】窗格列表中可以查看样式名称，如图 1-1 所示。

在【样式】窗格中单击【选项...】链接，打开如图 1-2 所示的【样式窗格选项】对话框。

图 1-1 【样式】窗格

图 1-2 【样式窗格选项】对话框

2. 新建样式

在如图 1-1 所示的【样式】窗格中单击【新建样式】按钮 ，打开【根据格式设置创建新样式】对话框，如图 1-3 所示，在该对话框中即可创建新样式。

3. 修改样式

在【样式】窗格中单击【管理样式】按钮 ，打开【管理样式】对话框，单击【修改】按钮，打开【修改样式】对话框，在该对话框中可对样式的属性和格式等进行修改，修改方法与新建样式类似。

图1-3 【根据格式设置创建新样式】对话框

4. 应用样式

选中文档中需要应用样式的文本内容，然后在【样式】窗格列表中选择所需要的样式即可。

1.5 创建与应用模板

Word 模板包括多种预设的文档格式、图形及排版信息的文档，其扩展名为.dotx。Word 系统的默认模板名称是 Normal.dotm，其存放文件夹为 Templates。创建文档模板的常用方法包括根据原有文档创建模板、根据原有模板创建新模板和直接创建新模板。

1. 创建新模板

（1）新建或打开 Word 文档。

（2）在 Word 文档中设置所需要的样式和格式。

（3）单击【文件】选项卡中的【另存为】按钮，单击【浏览】按钮，打开【另存为】对话框。在该对话框"保存类型"下拉列表框中选择"Word 模板（*.dotx）"，然后确定模板的"保存位置"，在"文件名"下拉列表框中输入模板的名称，单击【保存】按钮即创建了新模板。

2. 创建文档与加载自定义模板

（1）在【快速访问工具栏】中单击【新建】按钮，创建一个空白文档。

（2）在【文件】选项卡中选择【选项】命令，打开【Word 选项】对话框，在该对话框中选择"加载项"选项，然后在"管理"下拉列表框中选择"模板"选项，单击【转到…】按钮，打开【模板和加载项】对话框。

（3）在【模板和加载项】对话框"文档模板"区域中单击【选用】按钮，打开【选用模板】对话框，在该对话框中选择已创建的模板，也可以选择"Templates"中系统提供的模板，然后单击【打开】按钮返回【模板和加载项】对话框。

（4）在【模板和加载项】对话框"共用模板及加载项"区域中单击【添加】按钮，打开【添加模板】对话框，在该对话框中选择所需的模板，然后单击【确定】按钮返回【模板和加载项】对话框，且将所选的模板添加到模板列表中。

在【模板和加载项】对话框中单击【管理器】按钮，打开【管理器】对话框，如图 1-4 所示，在该对话框中可以查看模板中已定义的样式，单击【关闭】按钮即可返回【模板和加载项】对话框。

图 1-4 【管理器】对话框

（5）在【模板和加载项】对话框中选中"自动更新文档样式"复选框，每次打开文档时可自动更新活动文档的样式以匹配模板样式，然后单击【确定】按钮返回【Word 选项】对话框。

（6）在【Word 选项】对话框中单击【确定】按钮，返回 Word 文档，则当前文档将应用所选用的模板。

1.6　页面设置

页面设置主要包括页边距、纸张、版式、文档网格等方面的版面设置。页边距是指页面中文本四周到纸张边缘之间的距离，包括左、右边距和上、下边距。页边距可以通过【页面设置】对话框或标尺进行调整。

1. 设置页边距

（1）打开【页面设置】对话框

单击【布局】选项卡【页面设置】组中的【页面设置】按钮 ，打开【页面设置】对话框，切换到【页边距】选项卡，如图 1-5 所示。

提示：双击垂直标尺或水平标尺的任意位置都可以打开如图 1-5 所示的【页面设置】对话框。

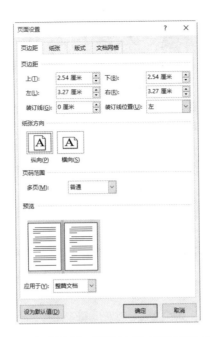

图 1-5 【页面设置】对话框中的【页边距】选项卡

(2) 设置页边距

在【页面设置】对话框【页边距】选项卡中的"上""下"两个数字框中输入页边距值,在"左""右"两个数字框中利用数字按钮调整页边距值。这里还可以设置"装订线"和"装订线位置"。

(3) 设置页面方向

在"纸张方向"区域中选择"纵向"或"横向",在"预览"区域中会相应显示文档的外观。

(4) 设置应用范围

在"应用于"下拉列表框中选择应用范围。当需要修改文档中一部分页边距时,在"应用于"下拉列表框中选择"插入点之后"选项,Word 自动在设置了新页边距的文本前、后插入分节符。

在【页边距】选项卡中设置好新的页边距后,单击【设为默认值】按钮,将新的页面设置保存到文档所用模板中。

2. 设置纸张

在【页面设置】对话框中切换到【纸张】选项卡,在该选项卡中可以设置纸张大小、纸张来源等选项。在"纸张大小"下拉列表框中可以选择打印机支持的纸张类型,也可以根据实际纸张尺寸自定义纸张大小,在"宽度"和"高度"数字框中输入相应数值即可。

3. 设置版式

在【页面设置】对话框中切换到【版式】选项卡,在该选项卡中可以设置节的起始位置、页眉和页脚、页面垂直对齐方式、行号、页面边框等选项。

4. 设置文档网格

在【页面设置】对话框中切换到【文档网格】选项卡,在该选项卡中可以设置文字排列方向和栏数、网格类型、每行的字符及跨度、每页的行数及跨度。

1.7 分页与分节

1. 分页

当文档内容充满一页时,Word 将自动插入一个分页符并且生成新页。如果需要将同一页的文档内容分别放置在不同页中,可以通过插入分页符的方法来实现,操作方法如下。

(1)将光标移动到需要分页的位置。

(2)在【布局】选项卡【页面设置】组中单击【分隔符】按钮,在弹出的下拉菜单中选择【分页符】命令,如图 1-6 所示,即可插入一个分页符实现分页操作。

此时,如果切换到"页面视图"方式,则会出现一个新页面;如果切换到"草稿"视图方式,则会出现一条贯穿页面的虚线。

提示:在【插入】选项卡【页面】组中直接单击【分页】按钮,也可以插入分页符。

如果要删除分页符,则只需将插入点置于分页符之前,按【Delete】键。如果需要删除文档中多个分页符,则可以使用"替换"功能实现。

提示:按【Ctrl+Enter】组合键,也可以插入分页符。

2. 分节

"节"是文档格式设置的基本单位,Word 文档系统默认整个文档为一节,在同一节内,文档各页的页面格式完全相同。在 Word 中,一个文档可以分为多个节,根据需要可以为每节都设置各自的格式,且不会影响其他节的格式设置。

图 1-6 【分隔符】下拉菜单

Word 文档可以使用分节符将文档进行分节,然后以节为单位设置不同的页眉或页脚。

在如图 1-6 所示的【分隔符】下拉菜单中选择一种合适的分节符类型进行分节操作。

(1)下一页:在插入分节符位置进行分页,下一节从下一页开始。

(2)连续:在分节后,同一页中下一节的内容紧接上一节的节尾。

(3)偶数页:在下一个偶数页开始新的一节,如果分节符在偶数页上,则 Word 会空出下一个奇数页。

(4)奇数页:在下一个奇数页开始新的一节,如果分节符在奇数页上,则 Word 会空出下一个偶数页。

如果要删除分节符,则只需将插入点置于分节符之前按【Delete】键。如果需要删除文档中多个分节符,则可以使用"替换"功能实现。

1.8 设置页眉与页脚

Word 文档的页眉出现在每页的顶端,如图 1-7 所示;页脚出现在每页的底端,如图 1-8 所示。一般地,页眉的内容为章标题、文档标题、页码等内容,页脚的内容为页码等内容。页眉和页脚分别在主文档上、下页边距线之外,不能与主文档同时编辑,需要单独进行编辑。

图 1-7　文档的页眉

图 1-8　文档的页脚

1. 插入页眉和页脚

在【插入】选项卡【页眉和页脚】组中单击【页眉】按钮，在弹出的下拉菜单选择【编辑页眉】命令，进入页眉的编辑状态，显示如图 1-9 所示的【页眉和页脚工具—设计】选项卡，同时光标自动置于页眉位置，在页眉区域中输入页眉内容即可。

图 1-9　【页眉和页脚工具—设计】选项卡

利用【页眉和页脚工具】选项卡中的工具可以在页眉或页脚插入标题、页码、日期和时间、文档部件、图片等内容。

在【页眉和页脚工具】选项卡中，单击【转至页眉】或【转至页脚】按钮，可以很方便地在页眉和页脚之间进行切换。

提示：【页眉和页脚工具—设计】选项卡中的"显示文档文字"复选框用于显示或隐藏文档中的文字，【链接到前一条页眉】按钮用于在不同节中设置相同或不同的页眉或页脚，【上一节】按钮用于切换到前一节的页眉或页脚，【下一节】按钮用于切换到后一节的页眉或页脚。

2. 设置页眉和页脚的格式

页眉和页脚的内容也可以进行编辑修改和格式设置，如设置对齐方式等，其编辑方法和格式设置方法与 Word 文档页面编辑区中操作的方法相同。

页眉和页脚设置完成后，在【页眉和页脚工具】选项卡【关闭】组中单击【关闭页眉和页脚】按钮，即可返回文档页面。

1.9　插入与设置页码

Word 文档通常都需要插入页码，插入与设置页码的方法如下。

1. 插入页码

在【插入】选项卡【页眉和页脚】组中单击【页码】按钮，在弹出的下拉菜单中选择页码的页面位置、对齐方式和强调形式。

2. 设置页码格式

在【页码】下拉菜单中选择【设置页码格式】命令，打开【页码格式】对话框，在"编号格式"下拉列表框中选择一种合适的编号格式，在"页码编号"区域中选择"续前节"或

“起始页码”单选按钮，然后单击【确定】按钮关闭该对话框，完成页码格式设置。

【分步训练】

【任务 1-1】“教师节贺信”文档的格式设置

【任务描述】

打开 Word 文档“教师节贺信.docx”，按照以下要求完成相应的格式设置。

（1）设置第 1 行（标题“教师节贺信”）为楷体、二号、加粗；将第 2 行“全市广大教师和教育工作者：”设置为仿宋体、小三号、加粗；设置正文中的“教育是民生改善的来源，是传承文明的载体。”“不忘初心，方得始终。”“最重要的教育资源不是楼房、不是课桌，是教师。”“躬耕园圃不辞苦，只待来年桃李香。”设置为楷体、小四号、加粗，将正文中其他的文字设置为宋体、小四号；将贺信的落款与日期设置为仿宋体、小四号、加粗。

（2）设置第 1 行居中对齐，第 2 行居左对齐且无缩进，贺信的落款与日期右对齐，其他各行两端对齐，段落首行缩进 2 字符。

（3）设置第 1 行的行距为单倍行距，段前间距为 6 磅，段后间距为 0.5 行；设置第 2 行的行距为 1.5 倍行距。

（4）设置正文第 1 段至第 5 段的行距为固定值，设置值为 20 磅。

（5）设置贺信的落款与日期的行距为多倍行距，设置值为 1。

相应格式设置完成后的“教师节贺信.docx”如图 1-10 所示。

教师节贺信

全市广大教师和教育工作者：

伴随着中华民族自信崛起的铮铮号角，在全市上下深入贯彻落实“四个全面”战略布局、站在更高起点上谋划和推动玉溪经济社会跨越发展之际，我们迎来了第 31 个教师节。每一个九月都是一次守候生命的盘点，每一个九月都是一粒点燃梦想的燧石。此时此刻，蔚蓝之下，秋水长天，清溪浣碧，金柿吐灿。在此，中共玉溪市委、玉溪市人民政府向全市广大人民教师、教育工作者和离退休教职员工，致以节日的祝贺和亲切的问候！向所有关心支持玉溪教育事业发展的社会各界人士，表示崇高的敬意和衷心的感谢！

“教育是民生改善的来源，是传承文明的载体。”近年来，全市上下坚决贯彻落实教育优先发展战略，解放思想，改革创新，阔步奋进，加快学前教育、义务教育、高中教育、职业教育、民办教育改革发展，创新实施美丽 100 校园和教育信息化建设，各级财政对教育投入的力度前所未有，推进教育综合改革的力度前所未有，实现了教育事业“干在实处、走在前列”的发展目标。这是玉溪向前的步伐，更是全市 3 万人民教师和教育工作者的无上荣光！

“不忘初心，方得始终。”教育是一项需要耐心、从容和安静的事业，没有有重量的精神境界，没有有价值的生命理想，就无法实现生命质量的衍变。尊重和守护人的精神价值，这是教育不可动摇的价值取向；坚持立德树人，为人生的理想信念、为学生的终身幸福、为社会的可持续发展打基础，这是教育工作的最高使命。作为一名光荣的人民教师，既要教书、更要育人，既要传播知识、更要塑造生命。希望全市广大教师和教育工作者坚守使命、坚守理想，履行好教书育人的神圣职责，争做讲台上的耕耘者，争做人生航程的启明灯，争做创新创造的引领人，争做至善至美的好园丁，争做习近平总书记要求的有理想信念、有道德情操、有扎实学识、有仁爱之心的“四有”好老师，不辜负我们这个伟大的时代和全市人民的重托！

“最重要的教育资源不是楼房、不是课桌，是教师。”教师是立教之本、兴教之源，拥有优秀的教师队伍才能办出人民满意的教育。重视教育、关心教师是各级党委政府的神圣职责。市委、市政府将一如既往贯彻落实党的教育方针，大力弘扬尊师重教尚学的优良传统，进一步把加快教育事业改革发展作为全市工作的重点，以更有力的举措，再续玉溪兴教华章，再谱玉溪满园芳华！

“躬耕园圃不辞苦，只待来年桃李香。”最后，再次祝愿全市教师和教育工作者节日愉快、身体健康、阖家幸福！

中共玉溪市委
玉溪市人民政府
201X 年 9 月 10 日

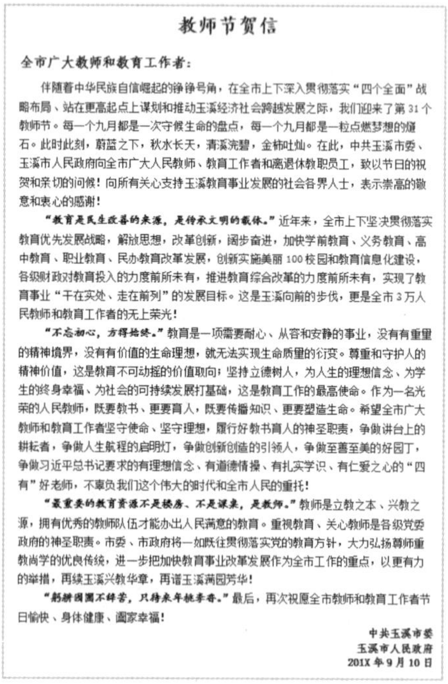

图 1-10 “教师节贺信.docx”的最终设置效果

【任务实现】

1. 设置标题和第 2 行文字的字符格式

选择文档中的标题"教师节贺信",然后在【开始】选项卡【字体】组中的"字体"下拉列表框中选择"楷体",在"字号"下拉列表框中选择"二号",单击【加粗】按钮 B。

选择第 2 行文字"全市广大教师和教育工作者:",然后在【开始】选项卡【字体】组中的"字体"下拉列表框中选择"仿宋体",在"字号"下拉列表框中选择"小三号",单击【加粗】按钮 B。

2. 设置正文第 1 段文本内容的字符格式

选择正文第 1 段文本内容,然后打开【字体】对话框。

在【字体】对话框【字体】选项卡中,为所选中文本设置字体为"宋体",设置字形为"常规",设置字号为"小四",字符颜色、下画线、着重号和效果保持默认值不变。

在【字体】对话框中切换到【高级】选项卡,对文本的缩放、间距和位置进行合理设置。

3. 利用格式刷快速设置字符格式

选定已设置格式的第 1 段文本,单击【格式刷】按钮,然后按住鼠标左键,在需要设置相同格式的其他段落文本上拖动鼠标,即可将格式复制到拖动过的文本上。

4. 设置标题的段落格式

先将插入点移到标题行内,单击【格式】工具栏中的【居中】按钮,即可设置标题行为居中对齐。然后在【开始】选项卡【段落】组中单击【行和段落间距】按钮,在弹出的下拉菜单中选择【行距选项】命令,打开【段落】对话框,在该对话框【缩进和间距】选项卡中的"间距"区域中,"段前"设置为"6 磅","段后"设置为"0.5 行",单击【确定】按钮使设置生效并关闭该对话框。

5. 设置正文第 1 段的段落格式

将插入点移到正文第 1 段内的任意位置,打开【段落】对话框。

在【段落】对话框【缩进和间距】选项卡中,"对齐方式"选择"两端对齐","大纲级别"选择"正文文本";"左侧"和"右侧"缩进为"0 字符";"特殊格式"选择"首行缩进","缩进值"设置为"2 字符";"段前"和"段后"间距设置为"0 行";"行距"选择"固定值","设置值"设置为"20 磅"。

6. 利用格式刷快速设置其他各段的格式

选定已设置格式的第 1 段,单击【格式刷】按钮,然后按住鼠标左键,在需要设置相同格式的其他段落上拖动鼠标,即可将格式复制到该段落上。

7. 设置正文中关键句子的字符格式

(1)选择文档中第 1 个关键句子"教育是民生改善的来源,是传承文明的载体。",然后在【开始】选项卡【字体】组中的"字体"下拉列表框中选择"楷体",在"字号"下拉列表框中选择"小四号",单击【加粗】按钮 B。

(2)选定已设置格式的第 1 个关键句子"教育是民生改善的来源,是传承文明的载体。"单击【格式刷】按钮,然后按住鼠标左键,在需要设置相同格式的其他关键句子"不忘初心,方得始终。""最重要的教育资源不是楼房、不是课桌,是教师。""躬耕园圃不辞苦,只待来年桃李香。"上拖动鼠标,即可将格式复制到拖动过的文本上。

8. 设置贺信的落款与日期的格式

（1）选择贺信文档中的落款与日期，然后在【开始】选项卡【字体】组中的"字体"下拉列表框中选择"仿宋体"，在"字号"下拉列表框中选择"小四号"，单击【加粗】按钮 **B**。

（2）选择贺信文档中的落款与日期，然后打开【段落】对话框，在该对话框【缩进和间距】选项卡中的"间距"区域中，在"行距"下拉列表框中选择"多倍行距"，在"设置值"数字框中输入"1"，然后单击【确定】按钮关闭该对话框，其设置效果相当于"单倍行距"。

Word 文档"教师节贺信.docx"的最终设置效果如图 1-10 所示。

9. 保存文档

在【快速访问工具栏】中单击【保存】按钮，对 Word 文档"教师节贺信.docx"进行保存操作。

【引导训练】

【任务 1-2】 "通知"文档样式与模板的创建与应用

【任务描述】

打开 Word 文档"关于暑假放假及秋季开学时间的通知.docx"，按照以下要求完成相应的操作。

（1）创建以下各个样式。

① 通知标题：字体为宋体，字号为小二号，字形为加粗，居中对齐，行距为最小值 28 磅，段前间距为 6 磅，段后间距为 1 行，大纲级别为 1 级，自动更新。

② 通知小标题：字体为宋体，字号为小三号，字形为加粗，首行缩进 2 字符，大纲级别为 2 级，行距为固定值 28 磅，自动更新。

③ 通知称呼：字体为宋体，字号为小三号，行距为固定值 28 磅，大纲级别为正文文本，自动更新。

④ 通知正文：字体为宋体，字号为小三号，首行缩进 2 字符，行距为固定值 28 磅，大纲级别为正文文本，自动更新。

⑤ 通知署名：字体为宋体，字号为三号，行距为 1.5 倍行距，右对齐，大纲级别为正文文本，自动更新。

⑥ 通知日期：字体为宋体，字号为小三号，行距为 1.5 倍行距，右对齐，大纲级别为正文文本，自动更新。

⑦ 文件头：字体为宋体，字号为 36 磅，字形为加粗，颜色为红色，行距为单倍行距，居中对齐，字符间距为加宽 10 磅。

（2）应用自定义的样式。

① 文件头应用样式"文件头"，通知标题应用样式"通知标题"。

② 通知称呼应用样式"通知称呼"，通知正文应用样式"通知正文"。

③ 通知署名应用样式"通知署名"，通知日期应用样式"通知日期"。

（3）在文件头位置插入水平线段，并设置其线型为由粗到细的双线，线宽为 4.5 磅，长度为 15.88 厘米，颜色为红色，文件头的外观效果如图 1-11 所示。

（4）在通知落款位置插入如图 1-12 所示的印章，设置印章的高度为 4.05 厘米，宽度为 4 厘米。

图 1-11　文件头的外观效果　　　　　　　　图 1-12　待插入的印章

（5）保存样式定义及文档的格式设置。

（6）利用 Word 文档"关于暑假放假及秋季开学时间的通知.docx"创建模板"通知模板.dotx"，且保存在同一文件夹下。

（7）打开 Word 文档"关于'五一'国际劳动节放假的通知.docx"，然后加载模板"通知模板.dotx"，且利用模板"通知模板.dotx"中的样式分别设置通知标题、称呼、正文、署名和日期的格式。

Word 文档"关于'五一'国际劳动节放假的通知.docx"的最终设置效果如图 1-13 所示。

图 1-13　Word 文档"关于'五一'国际劳动节放假的通知.docx"的最终设置效果

说明：通知的内容一般包括标题、称呼、正文和落款，其写作要求如下。

① 标题：写在第 1 行正中。可只写"通知"二字，如果事情重要或紧急，也可写"重要通知"或"紧急通知"，以引起注意。有的在"通知"前面写上发通知的单位名称，还有的写上通知的主要内容。

② 称呼：写被通知者的姓名、职称或单位名称，在第 2 行顶格写。有时，因通知事项简短，内容单一，书写时略去称呼，直起正文。

③ 正文：另起一行，空两格写正文。正文因内容而异，开会的通知要写明开会的时间、地点、参会人员、开会主题及参会要求；布置工作的通知，要写清所通知事件的目的、意义及具体要求。

④ 落款：分两行写在正文右下方，第 1 行为署名，第 2 行为日期。

写通知一般采用条款式行文，内容简明扼要，使被通知者能一目了然，便于遵照执行。

【任务实现】

1. 打开文档

打开 Word 文档"关于暑假放假及秋季开学时间的通知.docx"。

2. 定义样式

在【开始】选项卡【样式】组中单击右下角的【样式】按钮，弹出【样式】窗格，在该窗格中单击【新建样式】按钮，打开【根据格式设置创建新样式】对话框。

（1）在"名称"文本框中输入新样式的名称"通知标题"。

（2）在"样式类型"下拉列表框中选择"段落"。

（3）在"样式基于"下拉列表框中选择新样式的基准样式，这里选择"标题"。

（4）在"后续段落样式"下拉列表框中选择"正文"。

（5）在"格式"区域设置字符格式和段落格式，这里设置"字体"为"宋体"，"字号"为"小二号"，"字形"为"加粗"，"对齐方式"为"居中对齐"。

（6）在对话框中单击左下角【格式】按钮，在弹出的下拉菜单中选择【段落】命令，打开【段落】对话框，在该对话框中设置"行距"为最小值"28 磅"，"段前"间距为"6 磅"，"段后"间距为"1 行"，"大纲级别"为"1 级"。然后单击【确定】按钮返回【根据格式设置创建新样式】对话框。

（7）在【根据格式设置创建新样式】对话框中选择"添加到样式库"复选框，将创建的样式添加到样式库中。然后选择"自动更新"复选框，新定义的"通知标题"在文档中已套用样式的内容其格式修改后，所有套用该样式的内容将同步进行自动更新。

（8）在【根据格式设置创建新样式】对话框中单击【确定】按钮，完成新样式定义并关闭该对话框，新创建的样式"通知标题"便显示在"快速样式列表"中。

应用类似方法创建"通知小标题""通知称呼""通知正文""通知署名""通知日期""文件头"分别应用对应的自定义样式。

3. 修改样式

在【样式】窗格中单击【管理样式】按钮，打开【管理样式】对话框。

在【管理样式】对话框中单击【修改】按钮，打开【修改样式】对话框，在该对话框中对样式的属性和格式等进行修改，修改方法与新建样式类似。

4. 应用样式

选中文档中需要应用样式的通知标题"关于 20××年暑假放假及秋季开学时间的通知"，然后在【样式】窗格"样式"列表中选择所需要的样式"通知标题"。

应用类似方法依次选择"通知称呼""通知正文""通知署名""通知日期""文件头"分别应用对应的自定义样式即可。

5. 在文件头位置插入水平线段

在【插入】选项卡【插图】组中单击【形状】按钮，在弹出的下拉菜单中选择【直线】

命令，然后在文件头位置绘制一条水平线条。选择该线条，在【绘图工具—格式】选项卡【大小】组中设置线条长度为 15.88 厘米。

右击该线条，在弹出的快捷菜单中选择【设置形状格式】命令，在弹出的【设置形状格式】窗格中设置线条"颜色"为"红色"，设置线条"宽度"为"4.5 磅"，设置"复合类型"为"由粗到细的双线"，如图 1-14 所示。

图 1-14　在【设置形状格式】窗格中设置线条的参数

6. 在通知落款位置插入印章

将光标置于通知落款位置，在【插入】选项卡【插图】组中单击【图片】按钮，在弹出的【插入图片】对话框中选择印章图片，然后单击【插入】按钮，即可插入印章图片。选择该印章图片，在【绘图工具—格式】选项卡【大小】组中设置线条高度为 4.05 厘米，宽度为 4 厘米。

7. 创建新模板

单击【文件】选项卡中的【另存为】按钮，打开【另存为】对话框。在该对话框"保存类型"下拉列表框中选择"Word 模板（*.dotx）"，"保存位置"设置为"任务 1-2"，在"文件名"下拉列表框中输入模板的名称"通知模板.dotx"，如图 1-15 所示，然后单击【保存】按钮，即创建了新模板。

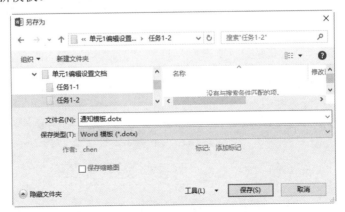

图 1-15　【另存为】对话框

8. 打开文档与加载自定义模板

（1）打开 Word 文档"关于'五一'国际劳动节放假的通知.docx"。

（2）在【文件】选项卡中选择【选项】命令，打开【Word 选项】对话框，在该对话框中选择"加载项"选项，然后在"管理"下拉列表框中选择"模板"选项，单击【转到…】按钮，打开【模板和加载项】对话框。

（3）在【模板和加载项】对话框"文档模板"区域中单击【选用】按钮，打开【选用模板】对话框，在该对话框中选择文件夹"任务 1-2"中的模板"通知模板.dotx"，然后单击【打开】按钮，返回【模板和加载项】对话框。

（4）在【模板和加载项】对话框"共用模板及加载项"区域中单击【添加】按钮，打开【添加模板】对话框，在该对话框中选择文件夹"任务 1-2"中的模板"通知模板.dotx"，如图 1-16 所示，单击【确定】按钮，返回【模板和加载项】对话框，且将所选的模板添加到模板列表中。

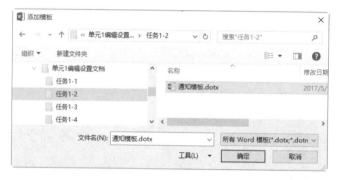

图 1-16　在【添加模板】对话框中选择模板"通知模板.dotx"

（5）在【模板和加载项】对话框中选中"自动更新文档样式"复选框，如图 1-17 所示，每次打开文档时都会自动更新活动文档的样式以匹配模板样式。单击【确定】按钮，返回【Word 选项】对话框，如图 1-18 所示。

图 1-17　【模板和加载项】对话框

图 1-18 【Word 选项】对话框中的"加载项"选项

（6）在【Word 选项】对话框中单击【确定】按钮，返回 Word 文档，则当前文档将会加载所选用的模板。

9. 在文档"关于'五一'国际劳动节放假的通知.docx"中应用加载模板中的样式

选中 Word 文档"关于五一国际劳动节放假的通知.docx"的通知标题，然后在【样式】窗格"样式"列表中选择所需要的样式"通知标题"。

应用类似方法依次选择"通知称呼""通知正文""通知署名""通知日期""文件头"分别应用对应的自定义样式即可。

Word 文档"关于'五一'国际劳动节放假的通知.docx"的最终设置效果如图 1-13 所示。

10. 保存文档

在【快速访问工具栏】中单击【保存】按钮，对 Word 文档"关于'五一'国际劳动节放假的通知.docx"进行保存操作。

【任务 1-3】 "教师节贺信"文档的页面设置与打印

【任务描述】

打开 Word 文档"教师节贺信.docx"，按照以下要求完成相应的操作。

（1）设置上、下边距为 3 厘米，左、右边距为 3.5 厘米，方向为纵向，纸张大小设置为 A4。

（2）设置页眉距边界距离为 2 厘米，页脚距边界距离为 2.75 厘米，设置页眉和页脚奇偶页不同、首页不同。

（3）网格类型设置为指定行和字符网格，每行字符 39 个字符，跨度为 10.5 磅，每页 43 行，跨度为 15.6 磅。

（4）首页不显示页眉，偶数页和奇数页的页眉都设置为"教师节贺信"。

（5）在页脚插入页码，页码居中对齐，起始页码为 1。

（6）在打印之前对文档进行预览。

（7）如果已连接打印机，则打印一份文稿。

【任务实现】

1. 打开文档

打开 Word 文档"教师节贺信.docx"。

2. 设置页边距

（1）打开【页面设置】对话框，切换到【页边距】选项卡。

（2）在【页面设置】对话框【页边距】选项卡中的"上""下"两个数字框中分别输入"3 厘米"，在"左""右"两个数字框中利用数字按钮 调整边距值为"3.5 厘米"。

（3）在"纸张方向"区域中选择"纵向"。

（4）在"应用于"下拉列表框中选择"整篇文档"。

3. 设置纸张

在【页面设置】对话框中切换到【纸张】选项卡，设置"纸张大小"为"A4"。

4. 设置版式

在【页面设置】对话框中切换到【版式】选项卡，"节的起始位置"选择"新建页"，【页眉和页脚】组选中"奇偶页不同""首页不同"复选框。在"距边界"区域"页眉"数字框中输入"2 厘米"，在"页脚"数字框中输入"2.75 厘米"，"垂直对齐方式"选择"顶端对齐"。

5. 设置文档网格

在【页面设置】对话框中切换到【文档网格】选项卡，"文字排列方向"选择"水平"单选按钮，"栏数"设置为"1"，"网络类型"选择"指定行和字符网络"，"每行字符数"设置为"39"，"字符跨度"设置为"10.5 磅"，"每页行数"设置为"43"，"行跨度"设置为"15.6 磅"。

6. 插入页眉

在【插入】选项卡【页眉和页脚】组中单击【页眉】按钮，在弹出的下拉菜单中选择【编辑页眉】命令，进入页眉的编辑状态，在页眉区域中输入页眉内容"教师节贺信"，然后对页眉的格式进行设置即可。

7. 在页脚插入页码

在【插入】选项卡【页眉和页脚】组中单击【页码】按钮，在弹出的下拉菜单中选择【页面底端】级联菜单中的【普通数字 2】子菜单。

然后在【页码】下拉菜单中选择【设置页码格式】命令，打开【页码格式】对话框，在"编号格式"下拉列表框中选择阿拉伯数字"1，2，3，…"，在"页码编号"区域中选择"起始页码"单选按钮，然后指定"起始页码"为"1"，如图 1-19 所示。

单击【确定】按钮关闭该对话框，完成页码格式设置。

图 1-19 【页码格式】对话框

8. 保存文档

在【快速访问工具栏】中单击【保存】按钮，对 Word 文档"教师节贺信.docx"进行保存操作。

9. 打印预览

在 Word 文档正式打印之前，可以利用"打印预览"功能预览文档的外观效果，如果不满意，则可以重新编辑修改，直到满意再进行打印。

在【文件】下拉菜单中选择【打印】命令，可以预览文档的打印效果。

10. 打印文档

Word 文档设置完成后，可以打印输出为纸质文稿，在"打印预览"窗口中对打印机、打印范围、打印份数、打印内容等方面进行设置，然后单击【打印】按钮开始打印文档。

【创意训练】

【任务 1-4】 编辑设置"感恩节活动方案"文档

提示：请扫描二维码浏览任务描述和操作提示内容。

单元 2　Word 制作美化表格

表格是编辑文档时常见的文字信息组织形式,其优点是结构严谨、效果直观。以表格的方式组织和显示信息,可以给人一种清晰、简洁、明了的视觉效果。

在 Word 中使用表格可以将文档某些内容加以分类,使内容表达更加准确、清晰和有条理。表格由多行和多列组成,水平的称为行,垂直的称为列,行与列的交叉形成表格单元格,在表格单元格中可以输入文字和插入图片。

【在线学习】

2.1　表格的创建

通过在线学习熟悉 Word 文档的以下操作方法与相关知识。
(1) 如何使用【插入】选项卡中的【表格】按钮快速插入表格?
(2) 如何使用【插入表格】对话框插入表格?

2.2　表格的编辑调整

2.2.1　表格线的绘制与擦除

通过在线学习熟悉 Word 文档的以下操作方法与相关知识。
(1) 如何绘制表格线?
(2) 如何擦除表格线?

2.2.2　表格与行、列的移动与缩放

通过在线学习熟悉 Word 文档的以下操作方法与相关知识。
(1) 如何移动表格?
(2) 如何缩放表格?
(3) 如何移动行或列?

2.2.3 单元格、行、列和整个表格的选定操作

通过在线学习熟悉 Word 文档的以下操作方法与相关知识。
（1）如何使用鼠标选定单元格、行、列和整个表格？
（2）如何使用【表格工具—布局】选项卡【选择】下拉菜单中的命令选定单元格、行、列和整个表格？
（3）如何在表格中移动光标？

2.2.4 行、列、单元格的插入操作

通过在线学习熟悉 Word 文档的以下操作方法与相关知识。
（1）如何在表格中插入行？
（2）如何在表格中插入列？
（3）如何在表格中插入单元格？
（4）如何插入表格？

2.2.5 单元格、行、列和表格的删除操作

通过在线学习熟悉 Word 文档的以下操作方法与相关知识。
（1）如何在表格中删除一行？
（2）如何在表格中删除一列？
（3）如何在表格中删除单元格？
（4）如何删除表格？
（5）如何删除表格中的内容？

2.2.6 调整表格的行高和列宽

通过在线学习熟悉 Word 文档的以下操作方法与相关知识。
（1）如何拖动鼠标粗略调整行高？
（2）如何拖动鼠标粗略调整列宽？
（3）如何平均分布表格各行？
（4）如何平均分布表格各列？
（5）如何自动调整表格列宽？
（6）如何使用【表格工具—布局】选项卡【单元格大小】组中的高度和宽度数字框精确设置行高和列宽？
（7）如何使用【表格属性】对话框精确调整表格的宽度、行高和列宽？

2.2.7 单元格的合并与拆分

对于较复杂的不规则表格，可以先创建规则表格，然后通过合并多个单元格或者拆分单元格得到所需的不规则表格。

通过在线学习熟悉 Word 文档的以下操作方法与相关知识。
（1）如何合并多个单元格？
（2）如何将一个单元格拆分为多个单元格？
（3）如何拆分表格？

2.3 表格的格式设置

通过在线学习熟悉 Word 文档的以下操作方法与相关知识。
（1）如何设置表格的对齐方式和文字环绕方式？
（2）如何设置表格的边框和底纹？
（3）如何设置单元格的边距？

【方法指导】

2.4 表格内容的输入与编辑

在表格的每个单元格中都可以输入文本或插入图片，也可以插入嵌套表格。单击需要输入内容的单元格，然后输入文本或插入图片即可，其方法与文档相同。

若需要修改某个单元格的内容，则只需单击该单元格，将插入点置于该单元格内，在该单元格中选取文本，然后进行修改或删除，也可以复制或剪贴，其方法与文档相同。

2.5 表格内容的格式设置

1. 设置表格文字的格式

表格的文本可以像文档段落中的文本一样进行各种格式设置，其操作方法与文档基本相同，即先选中内容，然后进行相应的设置。

设置表格文字的格式与设置主文档中文字格式的方法相同，可以使用【字体】对话框或者【字体】工具按钮进行相关格式设置。

在表格中输入文字时，有时需要改变文字的排列方向，如由横向排列改变为纵向排列。将文字变成纵向排列最简单的方法是将单元格的宽度调整至仅有一个汉字宽度，因宽度限制，强制文字自动换行，这时文字就变为纵向排列了。

还可以根据实际需要对表格中文字方向进行设置，其方法如下。

将光标定位到需要改变文字方向的单元格，在【表格工具—布局】选项卡【对齐方式】组中单击【文字方向】按钮，也可以右击，在弹出的快捷菜单中选择【文字方向】命令，打开如图 2-1 所示的【文

图 2-1 【文字方向—表格单元格】对话框

字方向—表格单元格】对话框,在该对话框中选择合适的文字排列方向,然后单击【确定】按钮,即可改变文字排列方向,其中的汉字标点符号也会改成竖写的标点符号。

2. 设置表格文字的对齐方式

表格文字的对齐方式有水平对齐和垂直对齐两种,表格文字对齐的设置方法如下。

选择需要设置对齐方式的单元格区域、行、列或整个表格,在【表格工具—布局】选项卡【对齐方式】组中单击对齐按钮即可,如图2-2所示。

图2-2 【表格工具—布局】选项卡【对齐方式】组中的工具按钮

2.6 表格的数值计算与数据排序

Word提供了简单的表格计算功能,即使用公式来计算表格单元格中的数值。

1. 表格行、列的编号

在Word表格中的每个单元格都对应着唯一的编号,编号的方法是以字母A、B、C、D、E……表示列,以1、2、3、4、5……表示行。

单元格地址由单元格所在的列号和行号组成,如B3、C4等。有了单元格地址,就可以方便地引用单元格中的数字用于计算。例如,B3表示第2列第3行对应的单元格,C4表示第3列第4行对应的单元格。

2. 表格的单元格引用

在引用表格的单元格时,对于不连续的多个单元格,各个单元地址之间使用半角逗号(,)分隔,如B3,C4;对于连续的单元格区域,使用区域左上角单元格为起始单元格地址,使用区域右下角单元格为终止单元格地址,两者之间使用半角冒号(:)分隔,如B2:D2。对于行内的单元格区域,使用"行内第1个单元格地址:行内最后1个单元格地址"的形式引用。对于列内的单元格区域,使用"列内第1个单元格地址:列内最后1个单元格地址"的形式引用。

3. 表格的应用公式计算

表格中常用的计算公式有算术公式和函数公式两种,公式的第1个字符必须是半角等号(=),各种运算符和标点符号必须是半角字符。

(1)应用算术公式计算

算术公式的表示方法为"=<单元格地址1><运算符><单元格地址2>…"。例如,在任务2-2中,计算台式电脑金额的公式为"=B2*C2",计算商品总数量的公式为"=C2+C3+C4"。

(2)应用函数公式计算

函数公式的表示方法为"=函数名称(单元格区域)"。常用的函数有SUM(求和)、AVERAGE(求平均值)、COUNT(求个数)、MAX(求最大值)和MIN(求最小值)。表示单元格区域的参数有ABOVE(插入点上方各数值单元格)、LEFT(插入点左侧各数值单元格)、RIGHT(插入点右侧各数值单元格)。例如,计算商品总数量的公式也可以改为"=SUM(ABOVE)",即表示计算插入点上方各单元格数值之和。

4. 表格的数据排序

排序是指将一组无序的数字按从小到大或从大到小的顺序排列，字母的升序按照从 A 到 Z 排列，反之是降序排列；数字的升序按照从小到大排列，反之是降序排列；日期的升序按照从最早的日期到最晚的日期排列，反之是降序排列。

将光标移动到表格中任意一个单元格中，在【表格工具—布局】选项卡【数据】组中单击【排序】按钮，打开【排序】对话框，在该对话框"主要关键字"下拉列表框中选择排序关键字，例如，在"金额"的"类型"下拉列表框中选择"数字"类型，排序方式选择"降序"，如图 2-3 所示，最后单击【确定】按钮实现降序排序。

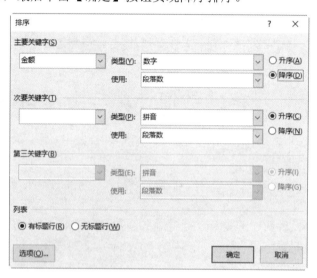

图 2-3 【排序】对话框

【分步训练】

【任务 2-1】 创建班级课表

【任务描述】

打开 Word 文档"班级课表.docx"，在该文档中插入一个 9 列 6 行的班级课表，该表格的具体要求如下。

（1）表格第 1 行高度的最小值为 1.61 厘米，第 2 行至第 4 行高度的固定值分别为 1.5 厘米，第 5 行高度的固定值为 1 厘米，第 6 行高度的固定值为 1.2 厘米。

（2）表格第 1、2 两列总宽度为 2.52 厘米，第 3 列至第 8 列的宽度均为 1.78 厘米，第 9 列的宽度为 1.65 厘米。

（3）将第 1 行的第 1、2 列两个单元格合并，将第 1 列的第 2、3 行两个单元格合并，将第 1 列的第 4、5 行两个单元格合并。

（4）在表格左上角的单元格中绘制斜线表头。

（5）设置表格在主文档页面水平方向居中对齐。

（6）表格外框线为自定义类型，线型为外粗内细，宽度为 3 磅，其他内边框线为 0.5 磅单细实线。

（7）在表格第 1 行的第 2 列至第 8 列单元格添加底纹，图案样式为 15%灰度，底纹颜色为橙色（淡色 40%）。

（8）在表格第 1 列和第 2 列（不包括绘制斜线表头的单元格）添加底纹，图案样式为浅色棚架，底纹颜色为蓝色（淡色 60%）。

（9）在表格中输入文本内容，文本内容的字体设置为宋体，字号设置为小五，单元格水平和垂直对齐方式都设置为居中。

创建的班级课表最终效果如图 2-4 所示。

星期 / 节次		星期一	星期二	星期三	星期四	星期五	星期六	星期日
上午	1-2							
	3-4							
下午	5-6							
	7-8							
晚上	9-10							

图 2-4　班级课表

【任务实现】

1. 打开 Word 文档

打开 Word 文档“班级课表.docx”。

2. 在 Word 文档中插入表格

（1）将插入点定位到需要插入表格的位置。

（2）打开【插入表格】对话框。

（3）在【插入表格】对话框“表格尺寸”区域中的“列数”数字框中输入“9”，在“行数”数字框中输入“6”，对话框的其他选项保持不变，如图 2-5 所示，然后单击【确定】按钮，在文档中插入点位置将会插入一个 6 行 9 列的表格。

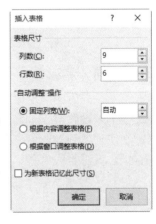

图 2-5　【插入表格】对话框

3. 调整表格的行高和列宽

将光标插入点定位到表格的第 1 行第 1 列单元格中，在【表格工具—布局】选项卡【单元格大小】组中的“高度”数字框中输入“1.61 厘米”，在“宽度”数字框中输入“1.26 厘米”，如图 2-6 所示。

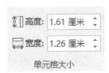

图 2-6　利用“高度”数字框和“宽度”数字框分别设置行高和列宽

将光标插入点定位到表格第1行的单元格中,在【表格工具—布局】选项卡【表】组中选择【属性】命令,如图2-7所示,或者右击,在弹出的快捷菜单中选择【表格属性】命令,打开【表格属性】对话框,切换到【行】选项卡,"尺寸"区域中显示当前行(这里为第1行)的行高,先选中"指定高度"复选框,然后输入或调整高度数字为"1.61厘米",行高值类型选择"最小值",也可以精确设置行高。

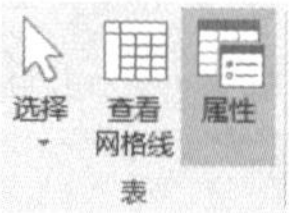

图2-7　在【表格工具—布局】选项卡【表】组中选择【属性】命令

在【行】选项卡中单击【下一行】按钮,设置第2行的行高,先选中"指定高度"复选框,然后输入高度数字为"1.5厘米","行高值是"选择"固定值",如图2-8所示。

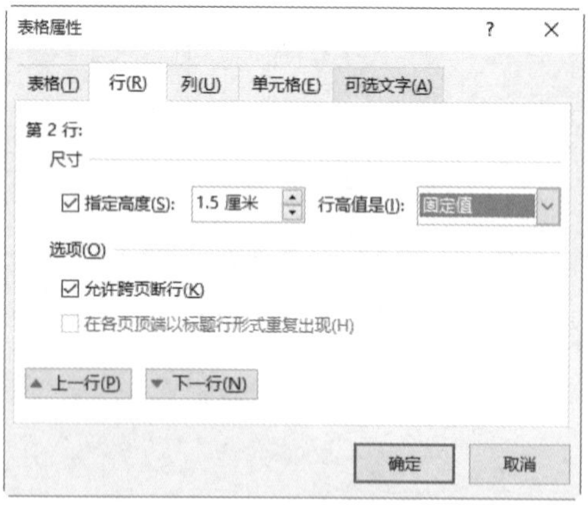

图2-8　在【表格属性】对话框【行】选项卡中设置第2行的行高

以类似方法设置第3行、第4行高度的固定值为1.5厘米,第5行高度的固定值为1厘米,第6行高度的固定值为1.2厘米。

接下来设置第1列和第2列的列宽,选择表格的第1、2两列,打开【表格属性】对话框,切换到【列】选项卡,选中"指定宽度"复选框,输入或调整宽度数字为"1.26厘米"(第1、2两列的总宽度即为2.52厘米),"度量单位"选择"厘米",精确设置列宽,如图2-9所示。

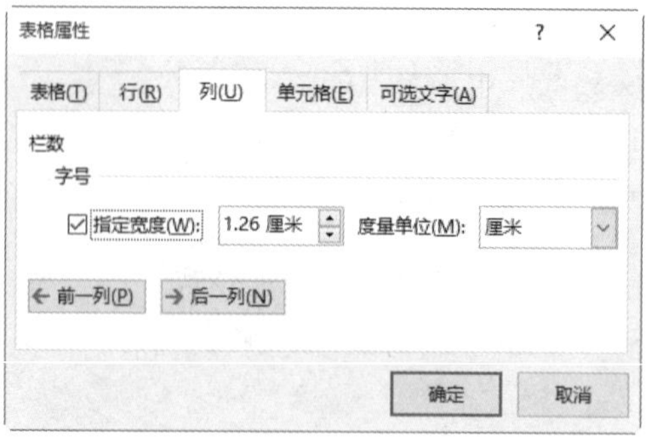

图2-9　在【表格属性】对话框【列】选项卡中设置第1、2列的列宽

单击【后一列】按钮，设置第3列的列宽，先选中"指定宽度"复选框，然后输入宽度数字为"1.78厘米"，"度量单位"选择"厘米"。

以类似方法设置第4列至第8列的宽度均为1.78厘米，第9列的宽度为1.65厘米。

表格设置完成后，单击【确定】按钮使设置生效并关闭【表格属性】对话框。

4. 合并与拆分单元格

选定第1行的第1、2列两个单元格，然后右击，在弹出的快捷菜单中选择【合并单元格】命令，即可将两个单元格合并为一个单元格。

选定第1列的第2、3行两个单元格，然后在【表格工具—布局】选项卡【合并】组中单击【合并单元格】按钮，即可将两个单元格合并为一个单元格。

在【表格工具—设计】选项卡中单击【橡皮擦】按钮，鼠标指针变为橡皮擦的形状，按下鼠标左键并拖动鼠标将第1列的第4行与第5行之间的横线擦除，两个单元格即合并，然后再次单击【设计】选项卡中的【橡皮擦】按钮，取消擦除状态。

5. 绘制斜线表头

在【表格工具—设计】选项卡【绘图】组中单击【绘制表格】按钮，在表格左上角的单元格中自左上角向右下角拖动鼠标绘制斜线表头，如图2-10所示，然后再次单击【绘制表格】按钮，返回文档编辑状态。

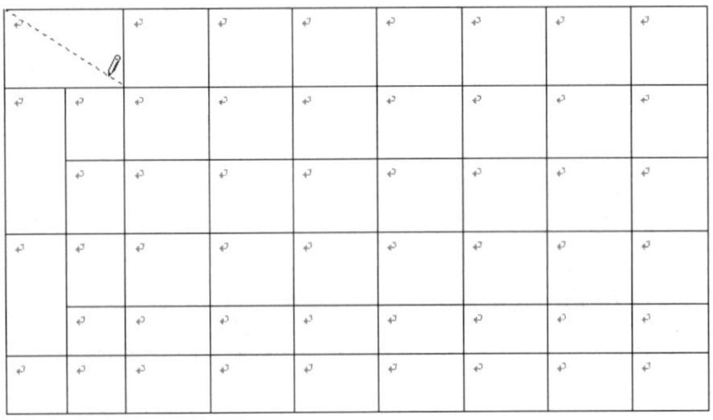

图2-10 在表格单元格中绘制斜线

6. 设置表格的对齐方式和文字环绕方式

打开【表格属性】对话框，在【表格】选项卡【对齐方式】组中选择"居中"，然后单击【确定】按钮。

7. 设置表格外框线

（1）将光标置于表格中，在【表格工具—设计】选项卡【边框】组中单击【边框】按钮，在弹出的下拉菜单中选择【边框与底纹】命令，打开【边框和底纹】对话框，切换到【边框】选项卡。

（2）在【边框和底纹】对话框【边框】选项卡中的"设置"区域中选择"自定义"，在"样式"区域中选择"外粗内细"边框类型，在"宽度"区域中选择"3.0磅"。

（3）在"预览"区域中两次单击【上框线】按钮，第1次单击取消上框线，第2次单击按自定义样式重新设置上框线。

依次两次单击【下框线】按钮、【左框线】按钮、【右框线】按钮，分别设置对应的框线。

（4）设置的边框可以应用于表格、单元格、文字和段落。在"应用于"下拉列表框中选择"表格"。

对表格外框线进行设置后，【边框和底纹】对话框中的【边框】选项卡如图 2-11 所示。

图 2-11　在【边框和底纹】对话框【边框】选项卡中对表格外框线进行设置

这里仅对表格外框线进行了设置，内边框保持 0.5 磅单细实线不变。

（5）边框线设置完成后，单击【确定】按钮，使设置生效并关闭该对话框。

8. 设置表格底纹

（1）在表格中选定需要设置底纹的区域，这里选择表格第 1 行的第 2~8 列单元格。

（2）打开【边框和底纹】对话框，切换到【底纹】选项卡，在"图案"区域"样式"下拉列表框中选择"15%"，"颜色"下拉列表框中选择"橙色（淡色 40%）"，如图 2-12 所示，其效果可以在"预览"区域中进行预览。

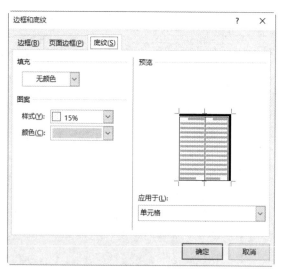

图 2-12　为表格第 1 行的第 2~8 列单元格设置底纹

（3）底纹设置完成后，单击【确定】按钮，使设置生效并关闭该对话框。

以类似方法为表格的第 1 列和第 2 列（不包括绘制斜线表头的单元格）添加底纹。

9. 在表格内输入与编辑文本内容

（1）在绘制了斜线表头单元格的右上角双击，当出现光标插入点后输入文字"星期"；在该单元格的左下角双击，在光标闪烁处输入文字"节次"。

（2）在其他单元格中输入如图 2-4 所示的文本内容。

10. 表格内容的格式设置

（1）设置表格内容的字体和字号

选中表格内容，在【开始】选项卡【字体】组中的"字体"下拉列表框中选择"宋体"，在"字号"下拉列表框中选择"小五"。

（2）设置单元格对齐方式

选中表格中所有的单元格，在【表格工具—布局】选项卡【对齐方式】组中单击【水平居中】按钮 ，即可将单元格的水平和垂直对齐方式都设置为居中。

11. 保存文档

在【快速访问工具栏】中单击【保存】按钮，对 Word 文档"班级课表.docx"进行保存操作。

【引导训练】

【任务 2-2】 计算商品销售表的金额和总计

【任务描述】

打开 Word 文档"商品销售表.docx"，如表 2-1 所示，对该表格的数据进行如下计算。

（1）计算各类商品的金额，且将计算结果填入对应的单元格中。

（2）计算所有商品的数量总计和金额总计，且将计算结果填入对应的单元格中。

表 2-1 商品销售表

	A	B	C	D
1	商品名称	价格（元）	数量	金额（元）
2	台式电脑	4860	2	
3	笔记本电脑	8620	5	
4	移动硬盘	780	8	
5	总计			

【任务实现】

1. 打开文档

打开 Word 文档"商品销售表.docx"。

2. 应用算术公式计算各类商品的金额

将光标定位到"商品销售表"的 D2 单元格中,在【表格工具—布局】选项卡【数据】组中单击【公式】按钮,在打开的【公式】对话框中清除原有公式,然后在"公式"文本框中输入新的计算公式,即"=B2*C2",如图 2-13 所示,并选择"编号格式",这里选择"0",即取整数,最后单击【确定】按钮,计算结果显示在 D2 中,为 9720。

使用类似方法计算"笔记本电脑"和"移动硬盘"的金额。

图 2-13 【公式】对话框

3. 应用算术公式计算所有商品的数量总计

将光标定位到"商品销售表"的 C5 中,打开【公式】对话框,在"公式"文本框中输入计算公式"=C2+C3+C4",单击【确定】按钮,计算结果显示在 C5 中,为 15。

4. 应用函数公式计算所有商品的金额总计

将光标定位到"商品销售表"的 D5 中,打开【公式】对话框,在"公式"文本框中输入计算公式"= SUM(ABOVE)",单击【确定】按钮,计算结果显示在 D5 中,为 59060。

商品销售表的计算结果如表 2-2 所示。

表 2-2 商品销售表的计算结果

商品名称	价格(元)	数量	金额(元)
台式电脑	4860	2	9720
笔记本电脑	8620	5	43100
移动硬盘	780	8	6240
总计		15	59060

5. 保存文档

在【快速访问工具栏】中单击【保存】按钮,对 Word 文档"商品销售表.docx"进行保存操作。

 【创意训练】

【任务 2-3】 制作个人基本信息表

提示:请扫描二维码浏览任务描述和操作提示内容。

【任务 2-4】 制作培训推荐表

提示:请扫描二维码浏览任务描述和操作提示内容。

单元 3 Word 加工复杂文档

复杂文档通常包括篇幅较长的长文档和包含多种文档元素的多元素文档。在 Word 文档中插入必要的图片、艺术字、自制图形、文本框、公式、图表和表格，可实现图文混排，达到图文并茂的效果。有时还需要插入视频、动画、声音等多媒体元素，构成多媒体文档。篇幅较长的文档一般包括封面、封底、目录、摘要、正文等部分，不同的组成部分通常设置不同的页眉和页脚，还需要插入页码。目录包括标题目录和图表目录，为了便于自动生成目录，需要定义标题的格式和大纲级别，为全文的图表（图片、表格等）插入自动编号的题注，并在文档的引用位置插入交叉引用。

【在线学习】

3.1 设置项目符号与编号

在 Word 文档中，为了突出某些重点内容或并列表示某些内容，会使用一些诸如"●""■""◆""✓""➢""◇""☑"的特殊符号加以表示，以使得对应的内容更加醒目，便于浏览。使用项目符号与编号可以实现这一功能。

在 Word 文档中设置项目符号与编号，可以先插入项目符号或编号，后输入对应的文本内容；也可先输入文本内容，后添加相应的项目符号或编号。

通过在线学习熟悉 Word 文档的以下操作方法与相关知识。

（1）如何在 Word 文档中设置项目符号？

（2）如何在 Word 文档中设置编号？

3.2 插入与编辑图片

通过在线学习熟悉 Word 文档的以下操作方法与相关知识。

（1）如何在 Word 文档中插入图片？

（2）如何在 Word 文档中编辑图片？

（3）如何在 Word 文档中设置图片格式？

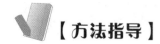
【方法指导】

3.3 插入与编辑艺术字

在 Word 文档中，艺术字是具有特殊形式的图形文字，可以实现许多特殊的文字效果，如阴影、三维效果、旋转等。

1. 插入艺术字

（1）将光标插入点移至需要插入艺术字的位置。

（2）在【插入】选项卡【文本】组中单击【艺术字】按钮，打开"艺术字"样式列表，如图 3-1 所示。

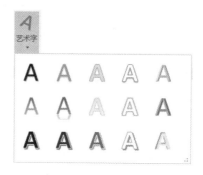

图 3-1 "艺术字"样式列表

（3）选择一种合适的样式，在文档中插入艺术字，如图 3-2 所示。

图 3-2 在文档中插入的艺术字

（4）艺术字位于一个无边框的文本框中，在该文本框中输入所需的文字即可。

2. 设置艺术字的样式与文字效果

选择文档中的艺术字，显示如图 3-3 所示的【绘图工具—格式】选项卡。

图 3-3 【绘图工具—格式】选项卡

(1) 选中文档中的艺术字。

(2) 在【绘图工具—格式】选项卡"艺术字样式"区域中单击相应的艺术字样式按钮，即可快速地改变艺术字样式。

(3) 在【艺术字样式】组中单击【文本填充】按钮，可在弹出的下拉菜单中选择合适的文本填充颜色和渐变效果。

(4) 在【艺术字样式】组中单击【文本轮廓】按钮，可在弹出的下拉菜单中选择合适的文本轮廓颜色、线型和粗细。

(5) 在【艺术字样式】组中单击【文本效果】按钮，可在弹出的下拉菜单中选择合适的文本效果。这里的文本效果包括阴影、映像、发光、棱台、三维旋转和转换等多种效果。

3. 设置艺术字的外框

(1) 选中文档中的艺术字。

(2) 在【绘图工具—格式】选项卡【形状样式】组中单击相应的形状样式按钮，即可快速地改变艺术字外框形状样式。

(3) 在【形状样式】组中单击【形状填充】按钮，可在弹出的下拉菜单中选择合适的外框填充颜色和填充效果。

(4) 在【形状样式】组中单击【形状轮廓】按钮，可在弹出的下拉菜单中选择合适的外框轮廓颜色、线型和粗细。

(5) 在【形状样式】组中单击【形状效果】按钮，可在弹出的下拉菜单中选择合适的外框效果。这里的外框效果包括阴影、映像、发光、柔化边缘、棱台和三维旋转等多种效果。

3.4 插入与编辑文本框

在 Word 文档中插入文本框，并在文本框中输入文字和插入图形，可以方便地实现图文混排效果。

1. 插入文本框

(1) 将光标插入点定位到文档需要插入文本框的位置。

(2) 在【插入】选项卡【文本】组中单击【文本框】按钮，打开"内置"文本框类型列表。在【文本框】下拉菜单中选择【绘制文本框】命令。

提示：也可以在"内置"文本框类型列表中选中一种合适的文本框类型。

(3) 将鼠标指针移到文档中，鼠标指针变成十字形状✚时，按住鼠标左键，拖动十字形指针画出矩形框，当矩形框大小合适后松开鼠标左键。

(4) 选择文本框，文本框转换为编辑状态，光标定位在文本框内，此时可以输入文本或插入图片，还可以选择文本框内的文本或图片进行格式设置。

2. 调整文本框的大小、位置和环绕方式

插入到文档中的文本框实质上是一个特殊的图片，文本框的大小、位置和环绕方式等设置与图片的操作方法基本相同。

文本框有 3 种状态，分别是普通状态、选中状态和编辑状态。文本框通常处于普通状态；当鼠标指针移到文本框四周的边线位置，鼠标指针变为形状时，单击边框线，文本框进入选中状态；当鼠标指针移到文本框内部，鼠标指针变为I形状时，单击文本框，文本框进入编辑状态，此时可以在其内部输入文字或插入图片。

当文本框处于选中状态时,在【绘图工具—格式】选项卡【大小】组中单击【高级版式:大小】按钮,会打开如图 3-4 所示的【布局】对话框,可在该对话框中设置文本框的大小、文字环绕和位置等属性。

图 3-4 【布局】对话框的【大小】选项卡

3.5 插入与编辑公式

利用 Word 提供的公式编辑器可以在文档中插入数学公式,如:

$$x_{1,2} = \frac{-b \pm \sqrt{b^2 - 4ac}}{2a}$$

图 3-5 文档中的"公式"编辑框

插入该数学公式的操作方法如下。
(1)将光标插入点移至需要插入数学公式的位置。
(2)在【插入】选项卡【符号】组中单击【公式】按钮,在弹出的下拉菜单中选择【插入新公式】命令,打开"公式"编辑框,如图 3-5 所示,同时显示【公式工具—设计】选项卡,如图 3-6 所示。

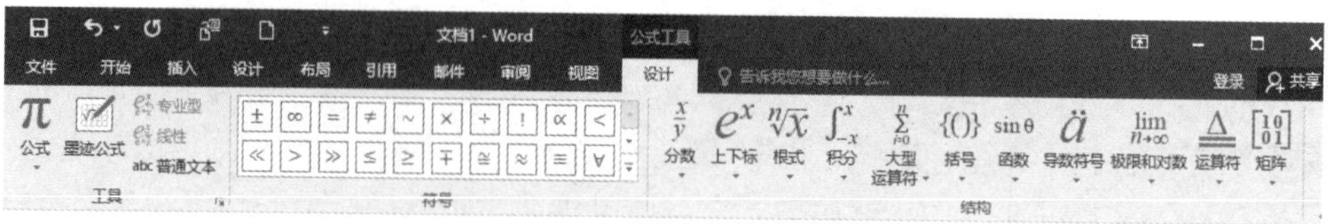

图 3-6 【公式工具—设计】选项卡

（3）在公式编辑框中输入公式。

① 在【公式工具—设计】选项卡【结构】组中单击【上下标】按钮，在弹出的下拉菜单中单击【下标】按钮，在"公式"编辑框中出现"下标"编辑框，在两个编辑框中分别输入"x"和下标"1,2"。

② 按光标移动键【→】，使光标由下标恢复为正常光标，再输入"="。

③ 在【公式工具—设计】选项卡【结构】组中单击【分数】按钮，在弹出的下拉菜单中单击【竖式分数】按钮，在"公式"编辑框中出现"分式"编辑框。

④ 在"分式"编辑框的"分子"编辑框中输入"-b"。

⑤ 在【公式工具—设计】选项卡【符号】组中单击符号按钮±，在编辑框中输入"±"运算符。

⑥ 在【公式工具—设计】选项卡【结构】组中单击【根式】按钮，在弹出的下拉菜单中单击【平方根】按钮√□，出现"平方根"编辑框。

⑦ 在【公式工具—设计】选项卡【结构】组中单击【上下标】按钮，在弹出的下拉菜单中单击【上标】按钮，在两个编辑框中分别输入"b"和上标"2"。

⑧ 按光标移动键【→】，使光标由上标恢复为正常光标，再输入"-4ac"。

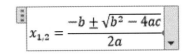

图 3-7　在"公式"编辑框中输入公式

⑨ 单击"分母"编辑框，然后输入"2a"。

公式的最终效果如图 3-7 所示。

⑩ 在"公式"编辑框外单击，完成公式输入。

3.6　绘制与编辑图形

在 Word 文档中除了可以插入已有的图片外，还可以使用系统提供的绘图工具绘制所需要的图形。

图 3-8 所示为闸门形状和尺寸的示意图，该示意图包括多种图形，如直线、箭头、矩形、三角形等，这里以绘制该图形为例，说明图形的绘制与编辑方法。

1. 图形的绘制

在【插入】选项卡【插图】组中单击【形状】按钮，在弹出的下拉菜单中单击所需的图形按钮，移动鼠标指针到文档中图形绘制的起始位置，鼠标指针变为十字形状╋，按住鼠标左键拖动鼠标，即可绘制相应的图形。

依次绘制直线、矩形、尺寸标注线、箭头、等腰三角形，绘制的图形外观如图 3-9 所示。

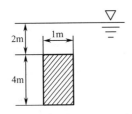

图 3-8　闸门形状和尺寸的示意图

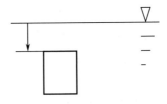

图 3-9　绘制的图形之一

提示：在【形状】下拉菜单中单击【矩形】按钮，按住【Shift】键，再按住鼠标左键拖动可绘制正方形；单击【椭圆】按钮，按住【Shift】键，再按住鼠标左键拖动可绘制圆；单击【椭圆】按钮，按住【Ctrl】键，再按住鼠标左键拖动可绘制以插入点为圆心的椭圆。

2．图形的编辑

（1）拖动图形控制点调整图形的大小

单击选择绘制的图形会出现控制点，矩形的控制点如图 3-10 所示。图形周围的空心小圆控制点用于调整图形大小，上部的箭头控制点用于旋转图形。有些自选图形选中时会出现黄色的圆形控制点，拖动该控制点可以改变图形的形状。

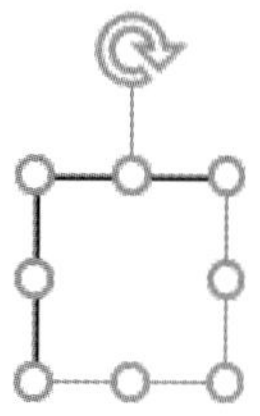

拖动矩形上下或左右的控制点可调整其高度或宽度，拖动直线两端的控制点可调整其长度。

（2）使用【绘图工具—格式】选项卡精确设置图形的大小

单击选择图 3-10 中的矩形，在【绘图工具—格式】选项卡【大小】组中的"高度"数字框中输入"1.44 厘米"，在"宽度"数字框中输入"0.9 厘米"。

图 3-10　矩形的控制点

右击矩形图形，在弹出的快捷菜单中选择【设置形状格式】命令，在弹出的【设置形状格式】窗格中切换到【填充】选项卡，选择"图案填充"单选按钮，然后在"图案"区域中选择"浅色上对角线"图案，如图 3-11 所示。

在【线条】选项卡中选择"实线"单选按钮，在"宽度"数字框中输入"1.5 磅"，在"复合类型"下拉列表框中选择"单线"，在"短画线类型"下拉列表框中选择"实线"，如图 3-12 所示。

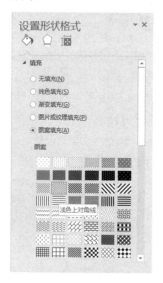

图 3-11　设置矩形的填充图案

图 3-12　设置矩形的边框线条

在【绘图工具—格式】选项卡【大小】组中，将图 3-9 中的小三角形的高度设置为"0.28 厘米"，宽度设置为"0.32 厘米"，该三角形下方的 4 条线段的长度分别设置为"3.2 厘米"、"0.5 厘米"、"0.3 厘米"和"0.15 厘米"，矩形的尺寸标注线段长度设置为"0.7 厘米"，矩形与长线段之间的距离标注线段长度设置为"1 厘米"。

3．图形位置的调整

（1）利用键盘方向键调整图形对齐

选择图形，按【←】键或【→】键调整图形的左右位置，按【↑】键或【↓】键调整图形的上下位置。在按住【Ctrl】键的同时按方向键可以实现微调。

（2）拖动鼠标移动图形

先选择图形，然后按住鼠标左键拖动，改变图形的位置。

4．图形的对齐

利用如图 3-13 所示的【绘图工具—格式】选项卡【排列】组中的【对齐】命令列表可以精确对齐图形。

（1）选中多个图形

方法 1：在【开始】选项卡【编辑】组中单击【选择】按钮，在弹出的下拉菜单中选择【选择对象】命令，移动鼠标指针到待选择的图形区域，鼠标指针变为形状，按住鼠标左键由左上至右下或由右上至左下拖动，此时会出现一个线框，当所选图形全部位于线框内时，松开鼠标左键，即选中多个图形。

方法 2：按住【Shift】键，依次单击选中每一个图形。

图 3-13　图形排列的【对齐】命令列表

（2）多个图形等距分布

选择小三角形下方的 4 条线段，在【绘图工具—格式】选项卡【排列】组中单击【对齐】按钮，在弹出的下拉菜单中选择【纵向分布】命令，使 4 条线段等距分布。

选择小三角形及下方 3 条短线段，在【对齐】下拉菜单中选择【水平居中】命令，使小三角形和下方的 3 条短线段居中对齐。

选择矩形及尺寸标注线，然后设置顶端对齐，结果如图 3-14 所示。

参考图 3-8，补齐其他的尺寸线和尺寸标注线，并调整其位置。将单向箭头修改为双向箭头，并设置箭头的始端样式和末端样式、始端大小和末端大小，结果如图 3-15 所示。

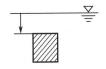 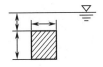

图 3-14　绘制的图形之二　　　　图 3-15　绘制的图形之三

5．给图形添加文字与设置文字格式

先在图 3-15 中尺寸线的旁边先插入 1 个文本框，然后在该文本框中输入文字"4m"，设置文本框内文字的字号为"小五"，"水平居中"对齐。设置该文本框的高度和宽度为"0.5 厘米"，设置文本边框为"无线条"。设置文本框的内部边距为"0 厘米"。

6. 图形的叠放

为了避免尺寸文本框遮住尺寸线，可以将尺寸文本框置于底层，即位于尺寸线之下。选择尺寸文本框，在【绘图工具—格式】选项卡【排列】组中单击【下移一层】按钮，在弹出的下拉菜单中选择【置于底层】命令，如图 3-16 所示，将尺寸文本框置于底层，效果如图 3-17 所示。

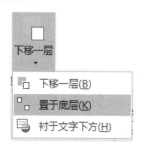
图 3-16　设置叠放次序菜单

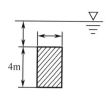
图 3-17　绘制的图形之四

复制已设置好的尺寸文本框，分别在其他两个尺寸线位置粘贴，且将文本框内的数字分别修改为"2m"和"1m"，最终效果如图 3-8 所示。

7. 图形的组合

选择需要组合的多个对象，在【绘图工具—格式】选项卡【排列】组中单击【组合】按钮，在弹出的下拉菜单中选择【组合】命令。

虽然组合后的对象不能对其中的单个图形进行操作，但是可以编辑和设置各个图形的文字。如果要对组合对象中的单个图形进行操作，则必须先执行"取消组合"操作，即先选择组合对象，然后在【组合】下拉菜单中选择【取消组合】命令，或者右击组合对象，在弹出的快捷菜单中选择【组合】—【取消组合】命令。

8. 图形的修饰

（1）设置图形填充颜色

先选定图形，在【绘图工具—格式】选项卡【形状样式】组中单击【形状填充】按钮，在弹出的下拉菜单中选择需要的填充颜色即可。

（2）设置图形线条颜色

先选定图形，在【绘图工具—格式】选项卡【形状样式】组中单击【形状轮廓】按钮，在弹出的下拉菜单中选择需要的线条颜色即可。

（3）设置阴影样式

先选定图形，在【绘图工具—格式】选项卡【形状样式】组中单击【形状效果】按钮，在弹出的下拉菜单中指向【阴影】菜单，选择需要的阴影样式即可。

（4）设置三维旋转样式

先选定图形，在【绘图工具—格式】选项卡【形状样式】组中单击【形状效果】按钮，在弹出的下拉菜单中指向【三维旋转】菜单，选择需要的三维旋转样式即可。

3.7　制作水印效果

水印是文档的背景中隐约出现的文字或图案，当文档的每一页都需要水印时，可通过"页眉和页脚""文本框"组合制作。

（1）在【插入】选项卡【页眉和页脚】组中单击【页眉】按钮，在弹出的下拉菜单中选择【编辑页眉】命令，进入页眉的编辑状态。

（2）在【页眉和页脚工具—设计】选项卡【选项】组中取消"显示文档文字"复选框的选中状态，隐藏文档中的文字和图形。

（3）在文档中合适位置（不一定是页眉或页脚区域）插入一个文本框，并且设置该文本框的边框为"无线条"。

（4）在文本框中输入作为水印的文字或插入图片，并设置文字或图片的格式，将该文本框的环绕方式设置为"衬于文字下方"。

（5）在【页眉和页脚工具—设计】选项卡【关闭】组中单击【关闭页眉和页脚】按钮，完成水印制作，在文档的每一页都会看到水印效果。

【分步训练】

【任务 3-1】 编辑"华为 P10 Plus 简介"实现图文混排效果

【任务描述】

打开 Word 文档"华为 P10 Plus 简介.docx"，在该文档中完成以下操作。
（1）将标题"华为 P10 Plus 简介"设置为艺术字效果，如图 3-18 所示。

华为 P10 Plus 简介

图 3-18　标题的艺术字效果

（2）在华为 P10 Plus 简介文本内容与小标题"主要参数"之间插入图片"01.jpg"，将该图片的宽度设置为 12 厘米，高度设置为 8.75 厘米。

（3）在正文"主要参数"右侧插入图片"02.jpg"，设置该图片的宽度为 6 厘米，环绕方式为"四周型"。

（4）在正文"主要参数"右侧插入图片"03.jpg"，设置该图片的高度为 5.4 厘米，环绕方式为"紧密型"。

（5）将正文中主要参数列表设置为项目列表，并将项目符号设置为符号☑。

（6）在正文小标题"2. 优缺点"下面插入两个文本框，文本框的高度和宽度设置由内容而定，两个文本框顶端对齐，并在文本框内输入如图 3-19 所示的内容。

（7）将文本框的外框设置为 1.5 磅的圆点蓝色虚线。

（8）将"优点"列表和"缺点"列表都设置为项目列表，项目符号设置为符号❖。

```
（1）优点                    （2）缺点
❖ 相机好，拍照给力           ❖ 屏幕拖影严重
❖ 外形漂亮，手感舒适         ❖ 屏幕偏色
❖ 前置指纹要比后置好用很多，
  取消了屏幕里的虚拟按键
```

图 3-19 文本框的内容及外观设置

【任务实现】

1. 打开文档

打开 Word 文档"华为 P10 Plus 简介.docx"。

2. 插入艺术字

（1）选择 Word 文档中的标题"华为 P10 Plus 简介"。

（2）在【插入】选项卡【文本】组单击【艺术字】按钮，打开"艺术字"样式列表。

（3）在样式列表中选择样式"填充—橄榄色，着色 3，锋利棱台"，在文档中插入一个"艺术字"框，并将所选文字设置为艺术字效果。

3. 插入图片

（1）插入图片"01.jpg"

将插入点置于正文的第 1 个段落与小标题"主要参数"之间，然后插入图片"01.jpg"。

（2）插入图片"02.jpg"

将插入点置于正文"主要参数"右侧的合适位置，然后插入图片"02.jpg"。

（3）插入图片"03.jpg"

将插入点置于正文"主要参数"右侧的合适位置，然后插入图片"03.jpg"。

4. 设置图片格式

（1）在文档中选择图片"01.jpg"，在【绘图工具—格式】选项卡【大小】组的"高度"数值框中输入"8.75 厘米"，"宽度"数值框中输入"12 厘米"，即设置图片高度为 8.75 厘米、宽度为 12 厘米。

（2）在文档中选择图片"02.jpg"，在【绘图工具—格式】选项卡【大小】组的"宽度"数值框中输入"6 厘米"，即设置图片宽度为 6 厘米。

（3）在文档中选择图片"02.jpg"，在【绘图工具—格式】选项卡【排列】组单击【环绕文字】按钮，在其下拉菜单中选择"四周型"命令，如图 3-20 所示。

以类似方法设置图片"03.jpg"的高度为"5.4 厘米"，环绕方式为"紧密型"。

图 3-20 在【环绕文字】下拉菜单中选择"四周型"

5. 设置项目列表和项目符号

（1）定义新项目符号

在【开始】选项卡【段落】组单击【项目符号】按钮旁边的三角形按钮 ，打开"项目符号库"下拉菜单。在【项目符号库】下拉菜单中选择【定义新项目符号】命令，打开【定义新项目符号】对话框，单击【符号】按钮，在弹出的【符号】对话框中选择所需的图片☑作为项目符号，如图 3-21 所示。

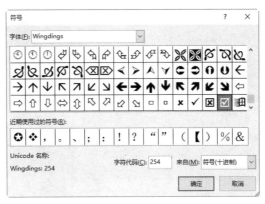

图 3-21 【符号】对话框

单击【确定】按钮，关闭该对话框并返回【定义新项目符号】对话框，在【定义新项目符号】对话框中单击【确定】按钮，关闭该对话框并将新的项目符号☑添加到"项目符号库"中。

（2）设置项目列表

选中正文中主要参数列表，在【开始】选项卡【段落】组单击【项目符号】按钮旁边的三角形按钮 ，打开"项目符号"下拉菜单，在"项目符号库"中选择所需的项目符号☑，如图 3-22 所示。

图 3-22 在"项目符号库"中选择项目符号

将"主要参数"列表设置为项目列表的效果如图 3-23 所示。

图3-23 将"主要参数"列表设置为项目列表的效果

6. 插入文本框

（1）将光标置于正文小标题"（1）优点"的下一行。

（2）使用"绘制"的方法在文档左侧位置插入一个文本框。将鼠标指针移到文本框内部单击，光标置于文本框内，输入所需的文本内容。

（3）单击选中插入的文本框，根据文本内容调整文本框的宽度和高度，这里将该文本的高度设置为"4.66厘米"，宽度设置为"6.8厘米"。

（4）鼠标指针移到文本框四周的边线位置，单击选中左侧的文本框，然后右击，在弹出的快捷菜单中选择【复制】命令。接着在【开始】选项卡中单击【粘贴】命令，完成文本框的复制操作。

（5）将复制的文本框拖动到文档右侧位置，与左侧文本保持合适的间距。在右侧文本框中输入所需的文本内容，选中右侧的文本框，然后根据文本内容调整文本框的宽度和高度，这里将该文本的高度设置为"4.66厘米"，宽度设置为"5厘米"。

（6）按住【Shift】键，依次选择左右两个文本框，然后在【绘图工具—格式】选项卡【排列】组单击【对齐】按钮，在其弹出的下拉菜单中选择【顶端对齐】命令，如图3-24所示。

7. 设置文本框外框的样式

（1）选中文本框。

（2）在【绘图工具—格式】选项卡【形状样式】组单击【形状轮廓】按钮弹出下拉菜单，在其下拉菜单"主题颜色"区域单击"蓝色"，在"粗细"级联菜单中选择"1.5磅"，在"虚线"级联菜单中选择"圆点"，如图3-25所示。

以同样的方法将右侧文本框的外框也设置为1.5磅的圆点蓝色虚线。

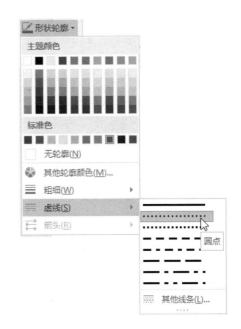

图 3-24　文本框的【对齐】下拉菜单　　　　图 3-25　在【形状轮廓】下拉菜单选择"圆点"

8. 设置文本框内容为项目列表

（1）在文本框内部选中需要设置为项目列表的"优点"列表。

（2）在【开始】选项卡【段落】组单击【项目符号】按钮旁边的三角形按钮 ▼ ，打开"项目符号"下拉菜单。

（3）从"项目符号库"中单击选择项目符号❖，在文档中的对应位置会自动插入所选中的项目符号。

以同样的方法将右侧文本框中的"缺点"列表设置为项目列表。

9. 保存文档

在"快速访问工具栏"中单击【保存】按钮，对 Word 文档"华为 P10 Plus 简介.docx"进行保存操作。

【引导训练】

【任务 3-2】　编辑加工毕业论文

【任务描述】

毕业论文是长文档，通常由封面、摘要、目录、正文、附录、参考文献、封底等部分组成。打开 Word 文档"毕业论文——基于 Web 服务网上书城系统的分析与设计.docx"，按照以下要求完成相应的操作。

（1）设置毕业论文文档的页面格式，纸张大小设置为 A4，左边距设置为 2.8 厘米，右边距设置为 2.5 厘米，上边距设置为 2.54 厘米，下边距设置为 2.54 厘米，页眉设置为 1.5 厘米，页脚设置为 1.75 厘米。

（2）长文档的段落多、标题多，各级标题要求设置不同的格式，同一级别的标题或正文段落要求使用统一的格式。长文档中一般表格和图片也较多，同样要求统一的格式。整个文档的排版存在大量的操作方法和过程相同的重复操作。如果按短文档排版的方法逐段去设置，或用"格式刷"复制格式，势必费时费力，效率不高。Word 提供的"样式"就是解决这些问题、提高排版工作效率的利器。

样式集字体格式、段落格式、编号和项目符号格式于一体，使用样式编排长文档格式，可实现文档格式与样式同步自动更新，快速且高效。因此，样式是长文档高效排版必须使用的技术。创建如表 3-1 所示的各个样式。

表 3-1 文档"毕业论文——基于 Web 服务网上书城系统的分析与设计.docx"中的样式

标题名或级别	大纲级别	字体				段落			
		字体	字号	颜色	粗细	对齐方式	缩进	行距	段前后间距
一级标题	1 级	黑体	三号	黑色	常规	居中	（无）	单倍	30 磅
二级标题	2 级	宋体	小二	黑色	加粗	居中	首行 2 字符	单倍	15 磅
三级标题	3 级	黑体	四号	黑色	常规	左	首行 2 字符	单倍	6 磅
四级标题	4 级	宋体	小四	黑色	加粗	左	首行 2 字符	单倍	6 磅
小标题	5 级	宋体	小四	黑色	加粗	两端	首行 2 字符	单倍	默认值
正文中的步骤	6 级	宋体	小四	黑色	常规	左	首行 2 字符	单倍	默认值
正文	正文文本	宋体	小四	黑色	常规	两端	（无）	23 磅	默认值
表格标题		宋体	五号	黑色	常规	居中	（无）	23 磅	默认值
表格居中文字		宋体	小五	黑色	常规	居中	（无）	单倍	默认值
表格左对齐文字		宋体	小五	黑色	常规	左	（无）	单倍	默认值
图格式		宋体	小五	黑色	常规	居中	（无）	单倍	6 磅
图中文字		宋体	小五	黑色	常规	居中	（无）	单倍	默认值
图标题		宋体	小五	黑色	常规	居中	（无）	单倍	6 磅
封面标题 1		宋体	三号	黑色	加粗	居中	（无）	2 倍	默认值
封面标题 2		隶书	二号	黑色	加粗	居中	（无）	2 倍	默认值
封面标题 3		宋体	四号	黑色	常规	居中	（无）	1.5 倍	默认值
封面标题 4		宋体	四号	黑色	下画线	两端	（无）	1.5 倍	默认值

（3）在文档中"封面""摘要""目录""致谢"及正文各章的结束位置插入"下一页"分节符。

（4）对毕业论文文档中的各级标题、正文套用合适的样式。

（5）对毕业论文文档中的表格标题、表中文字套用对应的样式。

（6）对毕业论文文档中的图、图标题及图中文字套用对应的样式。

（7）对毕业论文文档中的封面文字套用合适的样式。

（8）按照不同的内容和不同的分节，设置奇偶页不同的页眉和页脚，在文档"偶数页"中的页眉位置插入毕业论文题目"基于 Web 服务网上书城系统的分析与设计"，在文档"奇数页"中的页眉位置插入各章的标题，首页不插入页眉。

（9）在毕业论文文档的"摘要""目录"页中插入罗马数字（Ⅰ、Ⅱ、Ⅲ、Ⅳ、Ⅴ、Ⅵ

等）的页码，在文档的正文插入阿拉伯数字（1、2、3、4、5、6等）的页码，且要求连续编写页码，首页不插入页码。

（10）在毕业论文的目录页面提取并生成标题目录，但目录内容不包括目录页之前的各节中的标题，也不包括"目录"标题。

（11）为毕业论文全文的图片、表格插入自动编号的题注，并在文档的引用位置插入交叉引用，在图表目录页提取并生成图表目录。

【任务实现】

1. 设置毕业论文文档的页面格式

打开【页面设置】对话框，在该对话框中设置"纸张大小"为"A4"，设置左、右边距为"2.8厘米"，设置上、下边距为"2.54厘米"，设置页眉为"1.5厘米"，设置页脚为"1.75厘米"。

2. 创建毕业论文文档的样式

打开【根据格式设置创建新样式】对话框，如图3-26所示，利用该对话框创建如表3-1所示的各个样式，在毕业论文中创建的样式如图3-27所示。

图3-26 【根据格式设置创建新样式】对话框　　图3-27 毕业论文中创建的样式列表

3. 使用分节符分隔文档内容

将光标置于分节符的插入位置，在【布局】选项卡【页面设置】组单击【分隔符】按钮，在弹出的下拉菜单中选择【下一页】命令，如图3-28所示，完成分节符的插入。

按照此方法在文档中"封面""摘要""目录""致谢"及正文的各章结束位置插入"下一页"分节符。

4. 套用合适的样式

导航窗格是长文档编排的有效工具，导航窗格可以按照文档的标题（大纲）级别显示文档的层次结构，用户可以根据标题（大纲）快速定位到文档。如果文档没有设置标题（大纲）样式，或者文档无标题样式时，导航窗格显示的内容为空白，发挥不了其作用。因此，必须将文档中的标题、正文套用合适的样式。

（1）对毕业论文文档中的各级标题、正文套用合适的样式

显示【样式】窗格，将光标置于文档中各级标题或正文位置，然后在【样式】列表中单击选择对应的样式名称即可。

（2）对毕业论文文档中的表格标题、表中文字套用对应的样式

将光标置于文档的表格标题或表的文字位置，在【样式】列表中单击选择对应的样式名称即可。

（3）对毕业论文文档中的图、图标题及图中文字套用对应的样式

将光标置于文档中图、图标题以及图中文字位置，在【样式】列表中单击选择对应的样式名称即可。

（4）对毕业论文文档中的封面文字套用合适的样式

毕业论文封面使用表格进行布局，将光标置于文档表格中文字位置，在【样式】列表中单击选择对应的样式名称即可，设置完成后的外观效果如图 3-29 所示。

图 3-28　在下拉菜单中选择【下一页】命令

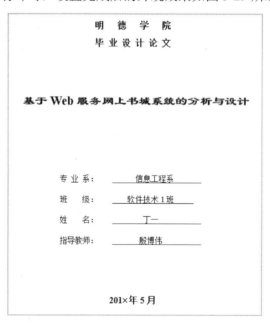

图 3-29　毕业论文文档的封面

注意：在对长文档进行格式设置时，注意观察样式的变化，每次对文档内容进行不同的格式设置或修改时，Word 都会在"样式"窗格中自动生成一个新的样式或转换为另一个样式。因此，要及时合并或更新效果相同而参数不同的样式，及时删除不需要的样式，尽量减少样式冗余，否则，五花八门的样式会使人眼花缭乱、难以分辨。

5. 插入页眉与页脚及设置其格式

（1）打开【页眉和页脚工具—设计】选项卡

在【插入】选项卡【页眉和页脚】组单击【页眉】按钮，在弹出的下拉菜单选择【编辑页眉】命令，或者在文档中任何页眉位置双击，即可打开【页眉和页脚工具—设计】选项卡，其外观如图 3-30 所示。

图 3-30 【页眉和页脚工具—设计】选项卡

（2）设置"页眉和页脚"版式

在【页眉和页脚工具—设计】选项卡【选项】组中选择"奇偶页不同"复选框。

前面已在每章结束位置插入"下一页"分节符，接着在第 1 章"偶数页"中的页眉位置插入毕业论文题目"基于 Web 服务网上书城系统的分析与设计"，在第 1 章"奇数页"中的页眉位置插入第 1 章标题。

（3）取消（断开）各节的页眉或页脚链接

长文档分节后，系统默认将后一节的页眉和页脚链接到前一节，即"与上一节相同"，默认链接状况如图 3-31 所示。

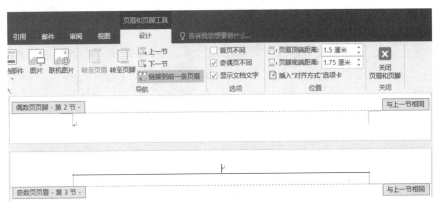

图 3-31 各节页眉和页脚的默认链接状况

将光标插入点定位到第 2 章"奇数页"的页眉位置，在【页眉和页脚工具—设计】选项卡【导航】组单击【链接到前一条页眉】按钮，使其弹起，取消该按钮的选中状态，即当前节的页眉内容与前一节不同，此时原来显示的"与上一节相同"字样消失，如图 3-32 所示。然后在第 2 章"奇数页"的页眉位置重新输入第 2 章的标题，以后各章的操作方法类似，使每节"奇数页"中页眉内容与前一节不同。

在文档中实现首页不插入页眉的方法：在【页眉和页脚工具—设计】选项卡【选项】组中选中"首页不同"复选框即可。

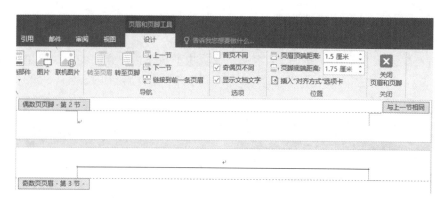

图 3-32 取消（断开）页眉链接的状况

6. 插入页码与设置其格式

（1）在【页眉和页脚工具—设计】选项卡【选项】组中选中复选框"首页不同"。

（2）将光标置于文档中正文各章，在【插入】选项卡【页眉和页脚】组单击【页码】按钮，在弹出的下拉菜单中选择【设置页码格式】命令，在打开的【页码格式】对话框的数字格式下拉列表框中默认选择了"1，2，3，…"，在第 1 章插入页码时选中"起始页码"单选按钮，且在其右侧的数字框中输入"1"，如图 3-33 所示；在第 2 章及以后各章插入页码时，选中"续前节"单选按钮。

图 3-33 在【页码格式】对话框中编排页码

（3）在【插入】选项卡【页眉和页脚】组单击【页码】按钮，在弹出的下拉菜单中指向【页面底端】选项，在弹出的级联菜单中选择【普通数字 2】命令，即可在页脚位置插入阿拉伯数字的页码。

接着将光标置于文档的"摘要""目录"页中，打开【页码格式】对话框，设置编号格式为"Ⅰ，Ⅱ，Ⅲ…"，选择"起始页码为"Ⅰ"，然后在页脚位置插入罗马数字。

7. 提取并生成标题目录

正确完成文档各级标题的标题样式、格式设置后，便可开始生成完整的标题目录。

（1）将光标插入点定位到插入目录的位置，在【引用】选项卡【目录】组中单击【目录】按钮，如图 3-34 所示，在弹出的下拉列表中选择【自定义目录】命令。打开【目录】对话框，自动切换到【目录】选项卡，在该对话框中进行目录格式设置，如图 3-35 所示，单击【确定】按钮，即可以自动生成目录。

图 3-34 在【目录】下拉列表中选择【插入目录】命令

（2）如果需要更新目录的文字内容或页码，则将光标移动到目录区域，右击，在弹出的快捷菜单中选择【更新域】命令，如图 3-36 所示，在弹出的【更新目录】对话框中，根据需要选择"只更新页码"或者"更新整个目录"单选按钮，然后单击【确定】按钮，如图 3-37 所示。

图 3-35 【目录】对话框

图 3-36 快捷菜单中的【更新域】命令

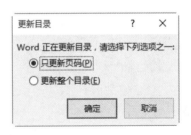

图 3-37 【更新目录】对话框

毕业论文部分目录内容如图 3-38 所示。

目　录

摘　要	I
目　录	II
第 1 章　电子商务系统与 Web 服务	1
1.1　电子商务系统简介	1
1.2　电子商务系统的主要类型	1
1.3　电子商务的发展历程和趋势	3
1.4　传统电子商务系统的分析	4
1.5　基于 Web 服务的电子商务系统的分析	5
1.6　Web 服务和动态电子商务的结合	7
第 2 章　Web 服务概述及其技术规范	8
2.1　Web 服务的概念	8
2.2　Web 服务体系架构	9
2.3　Web 服务的特点和主要优势	12
2.4　Web 服务的开发步骤	15

图 3-38 毕业论文部分目录内容

8. 插入图表题注与交叉引用题注

题注是可以添加到图片、表格、公式等对象的自动编号标签上，用于标注和引用对象。插入题注的操作是通过【引用】选项卡中【题注】组的命令按钮来实现的。必须先为对象插入题注，然后才能在其他地方引用。

（1）新建标签

插入图表题注分为自动插入题注和手工插入题注，这里主要使用手动插入的方法插入题注。

选中毕业论文中第 1 章的第 1 张图片，在【引用】选项卡【题注】组单击【插入题注】按钮，打开【题注】对话框。在该对话框中单击【新建标签】按钮，在弹出的【新建标签】对话框中输入新标签名"图"，如图 3-39 所示，然后单击【确定】按钮，返回【题注】对话框。

在【题注】对话框中单击【编号】按钮，在弹出的【题注编号】对话框中选择编号的格式，如图 3-40 所示，然后单击【确定】按钮，返回【题注】对话框即可。

（2）插入图表题注

在【题注】对话框的"题注"文本框中输入图名称，如"图 1　B2B 与 B2C 两种电子商务模式示意"，如图 3-41 所示，单击【确定】按钮，关闭【题注】对话框即可插入图名对应的题注。

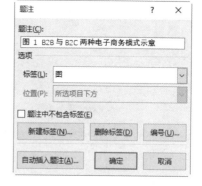

图 3-39　【新建标签】对话框　　图 3-40　【题注编号】对话框　　图 3-41　【题注】对话框

运用该方法插入毕业论文中所有的图片题注。

（3）交叉引用图表题注

通过交叉引用题注的方法可以在其他位置引用与链接图表。

将光标置于需要引用图表题注的位置，在【引用】选项卡【题注】组单击【交叉引用】按钮，打开【交叉引用】对话框，在该对话框中选择引用类型为"图"或"表"，引用内容选择"整项题注"，并选中复选框"插入为超链接"，在"引用哪一个题注"列表框中先选择第 1 项题注，然后单击【插入】按钮，即建立一个题注的交叉引用，如图 3-42 所示。单击文档中下一个引用题注的位置，在【交叉引用】对话框"引用哪一个题注"列表框中选择对应的引用题注，单击【插入】按钮。重复此操作，插入所有的引用题注后，单击【关闭】按钮。

插入题注及引用的实质是插入域代码，实现自动编号和自动更新，是长文档对诸多图片、表格、公式等对象实现自动编号标注及引用的技术。

由于插入引用时选中了复选框"插入为超链接"，在浏览文档时按住【Ctrl】键，单击插入的交叉引用，即可导航到原图片位置。

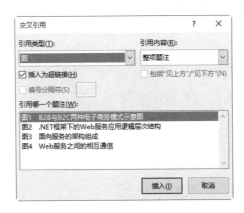

图 3-42 在【交叉引用】对话框中选择需要引用的题注

9. 提取并生成图表目录

将光标插入点定位到插入目录的位置，在【引用】选项卡【题注】组单击【插入表目录】按钮，打开【图表目录】对话框，自动切换到【图表目录】选项卡，在该对话框中进行图表目录格式设置，如图 3-43 所示，单击【确定】按钮，即可以自动生成图表目录。

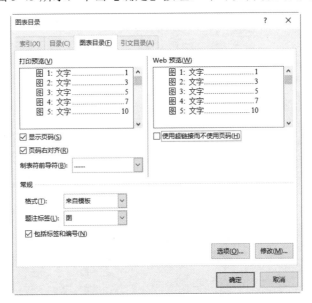

图 3-43 【图表目录】对话框

毕业论文文档中插入的图目录部分内容如图 3-44 所示。

图目录

图 1 B2B 与 B2C 两种电子商务模式示意图 1
图 2 .NET 框架下的 Web 服务应用逻辑层次结构 1
图 3 面向服务的架构组成 1
图 4 Web 服务之间的相互通信 1

图 3-44 毕业论文文档中插入的图目录部分内容

【创意训练】

【任务 3-3】 编辑制作《应用数学》考试试卷

提示：请扫描二维码浏览任务描述和操作提示内容。

【任务 3-4】 编辑制作悠闲居创业计划

提示：请扫描二维码浏览任务描述和操作提示内容。

单元 4

Word 制作
批量文档

邮件合并具有很强的实用性，在实际工作中经常需要快速制作邀请函、名片卡、通知、请柬、信件封面、函件、准考证、成绩单等文档，这些文档的主要文本内容和格式基本相同，只是部分数据有变化，为了减少重复劳动，Word 提供了邮件合并功能，有效地解决了这一问题。

在批量制作格式相同、只修改少量相关内容，其他内容不变的文档时，可以灵活运用 Word 邮件合并功能，不仅操作简单，而且还可以设置各种格式，打印效果好，可以满足不同客户的需求。

【在线学习】

4.1　关于"邮件合并"

通过在线学习熟悉 Word 文档的以下操作方法与相关知识。
（1）什么是"邮件合并"？
（2）"邮件合并"常见的使用场合有哪些？
（3）什么是含有标题行的数据记录表？

【方法指导】

在日常工作中，有很多需要根据数据表制作大量信函、信封或者工资条的情况。面对如此繁杂的数据，难道只能一个一个地复制、粘贴吗？能保证复制过程中不出错吗？其实，借助 Word 提供的一项功能强大的数据管理功能——"邮件合并"，就完全可以轻松、准确、快速地完成这些任务。

4.2　邮件合并的基本过程

理解邮件合并的基本过程，就抓住了邮件合并的"纲"，就可以有条不紊地运用该功能解决实际任务了。

（1）建立主文档

"主文档"就是固定不变的主体内容。例如，信函的落款对每个收信人都是不变的内容。使用邮件合并之前先建立主文档，是一个很好的习惯，一方面可以考查预计的工作是否适合使用邮件合并，另一方面为数据源的建立或选择提供了标准和思路。

（2）准备好数据源

数据源就是含有标题行的数据记录表，其中包含相关的字段和记录内容。数据源表格可以是 Word、Excel、Access 或 Outlook 中的联系人记录表。

在实际工作中，数据源通常是现成存在的。例如，要制作大量的客户信封，多数情况下，客户信息早已做成了 Excel 表格，其中含有制作信封需要的"姓名""地址""邮政编码"等字段。在这种情况下，直接拿过来使用就可以了，不必重新制作。也就是说，在准备自己建立数据源文件之前要先考查一下，是否有现成的可用。如果没有现成的数据源文件，则要根据主文档对数据源的要求建立，使用 Word、Excel、Access 都可以。在实际工作时，常常使用 Excel 制作。

（3）把数据源合并到主文档中

前面两件事情都做好之后，就可以将数据源中的相应字段合并到主文档的固定内容之中了，表格的记录行数，决定了主文件生成的份数。

利用如图 4-1 所示的【邮件】选项卡中各项命令可完成邮件合并的相关操作。

图 4-1　Word 的【邮件】选项卡

【分步训练】

【任务 4-1】 利用邮件合并功能制作并打印研讨会请柬

【任务描述】

以 Word 文档"请柬.docx"作为主文档，以同一文件夹中的 Excel 文档"邀请单位名单.xlsx"作为数据源，使用 Word 的邮件合并功能制作研讨会请柬，其中"联系人姓名""称呼"利用邮件合并功能动态获取。要求插入 2 个域的主文档外观如图 4-2 所示，然后打印请柬。

图 4-2　插入 2 个域的主文档外观

单元 4 Word 制作批量文档

【任务实现】

1. 创建主文档
创建并保存"请柬.docx"作为邮件合并的主文档。

2. 建立数据源
在 Excel 中建立作为数据源的 Excel 文档"邀请单位名单.xlsx",输入序号、单位名称、联系人姓名、称呼等数据,保存备用。

3. 实现邮件合并
(1) 打开 Word 文档"请柬.docx"。

(2) 在【邮件】选项卡【开始邮件合并】组单击【开始邮件合并】按钮,在弹出的下拉菜单中选择【邮件合并分步向导】命令,如图 4-3 所示。弹出【邮件合并】窗格,如图 4-4 所示。

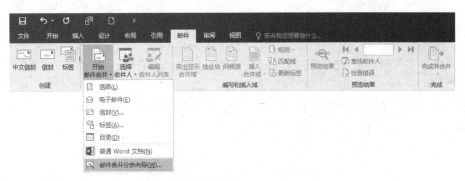

图 4-3 选择【邮件合并分步向导】

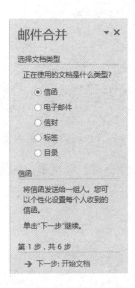

图 4-4 在【邮件合并】窗格选择文档类型

(3) 在【邮件合并】窗格"选择文档类型"区域中选择"信函"单选按钮,然后单击"下一步:开始文档"超链接,进入"选择开始文档"步骤。由于事先准备好了所需的 Word 文档,这里直接选择默认项"使用当前文档",如图 4-5 所示。

单击"下一步：选取收件人"超链接，进入"选择收件人"步骤，如图 4-6 所示。

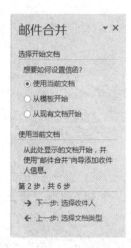 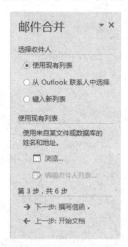

图 4-5　在【邮件合并】窗格选择开始文档　　图 4-6　在【邮件合并】窗格选择收件人

（4）由于事前准备好了所需的 Excel 文件即数据源电子表格，所以在"选择收件人"区域选择"使用现有列表"即可（也可以在此新建列表）。单击"使用现有列表"下方的【浏览】超链接，打开【选取数据源】对话框，在该对话框中选择已有的 Excel 文件"邀请单位名单.xlsx"，如图 4-7 所示。

图 4-7　【选取数据源】对话框

单击【打开】按钮，打开【选择表格】对话框，如图 4-8 所示，选择"Sheet1$"表格。

图 4-8　【选择表格】对话框

单击【确定】按钮，打开【邮件合并收件人】对话框，在该对话框中选择所需的"收件人"，如图 4-9 所示，对于不需要的数据，将"√"去掉即可。

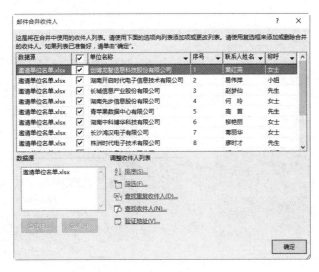

图 4-9 【邮件合并收件人】对话框

单击【确定】按钮，返回【邮件合并】窗格，在该窗格"使用现有列表"区域显示"您当前的收件人选自：'邀请单位名单.xlsx'中的[Sheet1$]"，如图 4-10 所示。

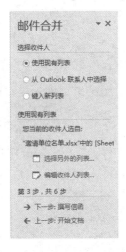

图 4-10 在【邮件合并】窗格中显示"您当前的收件人选自"的列表

（5）在【邮件合并】窗格中单击"下一步：撰写信函"，进入如图 4-11 所示的"撰写信函"步骤。

（6）将光标插入点定位到主文档中插入域的位置，在"撰写信函"区域单击"其他项目"超链接，弹出【插入合并域】对话框。在"域"列表框中选择 1 个域"联系人姓名"，如图 4-12 所示，然后单击【插入】按钮，在主控文档光标位置插入域"《联系人姓名》"，关闭【插入合并域】对话框。

将光标插入点定位到主文档中插入域"《联系人姓名》"之后，在【邮件】选项卡【编写与插入域】组中单击【插入合并域】按钮，在弹出的下拉菜单中选择"称呼"选项，如图 4-13 所示，在主控文档光标位置插入域"《称呼》"。

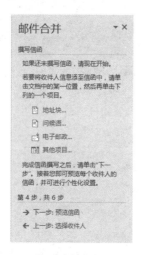

图 4-11　在【邮件合并】窗格撰写信函　　　图 4-12　【插入合并域】对话框

图 4-13　在【插入合并域】下拉菜单中选择"称呼"选项

（7）单击"下一步：预览信函"超链接，进入"预览信函"步骤，如图 4-14 所示。

在该窗格中单击按钮  可以在主控文档中查看下一个收件人信息，单击按钮 可以在主控文档中查看上一个收件人信息。

在该窗格中也可以单击"查找收件人"超链接，打开【查找条目】对话框，并在该对话框中选择域预览信函，还可以编辑收件人列表等。

（8）单击"下一步：完成合并"超链接，进入"完成合并"步骤，如图 4-15 所示，至此完成了邮件合并操作，关闭【邮件合并】窗格即可。

图 4-14　在【邮件合并】窗格预览信函　　　图 4-15　【邮件合并】窗格的"完成合并"界面

4. 预览文档

邮件合并操作完成，可在【邮件】选项卡【预览结果】组单击【预览结果】按钮进入预览状态，如图 4-16 所示。

图 4-16 【邮件】选项卡【预览结果】组工具按钮

单击下一记录 ▶ 按钮，预览第 2 条记录的联系人姓名和称呼，如图 4-17 所示。

图 4-17 第 2 条记录的预览结果

还可以单击 ◀ 按钮查看前一条记录的联系人姓名和称呼，单击 ◀◀ 按钮查看第 1 条记录的联系人姓名和称呼，单击 ▶▶ 按钮查看最后一条记录的联系人姓名和称呼。

5. 合并到新文档

在【邮件】选项卡【完成】组单击【完成并合并】按钮，在弹出的下拉菜单中选择【编辑单个文档】命令，如图 4-18 所示。在打开的【合并到新文档】对话框中选择"全部"单选按钮，如图 4-19 所示，然后单击【确定】按钮。

图 4-18 在【完成并合并】下拉菜单中　　　图 4-19 在【合并到新文档】对话框中
　　　　选择【编辑单个文档】命令　　　　　　　　　　　选择"全部"单选按钮

此时会自动生成一个新文档，该文档包括数据源"邀请单位名单.xlsx"中所有被邀请对象的请柬信息。单击【保存】按钮即可对所有请柬进行保存，保存后文档如图 4-20 所示。

6. 打印文档

在【邮件】选项卡【完成】组单击【完成并合并】按钮，在弹出的下拉菜单选择【打印文档】命令，打开【合并到打印机】对话框。

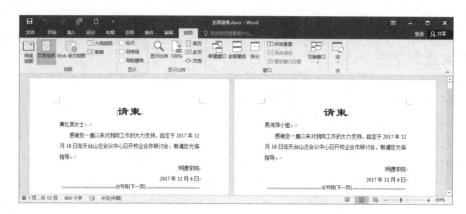

图 4-20　数据源"邀请单位名单.xlsx"中所有被邀请对象的请柬信息

说明：在图 4-15 所示的【邮件合并】窗格的"完成合并"界面中，单击"打印"超链接，也可以打开【合并到打印机】对话框。

在【合并到打印机】对话框中选择需要打印的记录后，选择"全部"单选按钮，如图 4-21 所示。然后单击【确定】按钮，打开【打印】对话框，如图 4-22 所示。在该对话框进行必要的设置后，单击【确定】按钮开始打印请柬。

图 4-21　【合并到打印机】对话框

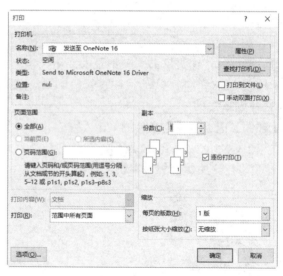

图 4-22　【打印】对话框

【引导训练】

【任务 4-2】　利用邮件合并功能制作毕业证书

【任务描述】

打开 Word 文档"毕业证书.docx"，按照以下要求完成相应的操作。

(1) 将纸张方向设置为"横向",纸张大小设置为"16开(18.4厘米×26厘米)""上、下"和"左、右"边距都设置为2厘米。

(2) 将文档页面平分为2栏,宽度都为28字符,两栏之间的间距为3.4字符。

(3) 输入所需的文本内容,并设置其格式。

(4) 证书编号、姓名、性别、专业名称、学制、学习起止日期对应内容的字形都设置为"加粗",将学校姓名的字体设置为"华文行楷",字号设置为"小二",字形设置为"加粗"。

(5) 页脚位置的左端插入文字"中华人民共和国教育部学历证书查询网址:http://www.chsi.com.cn",右端插入文字"明德学院监制",中间按【Tab】键进行分隔。

(6) 在页面左栏中部插入文本框,该文本框的高度设置为"5.5厘米",宽度设置为"3.7厘米";环绕方式设置为"四周型",水平对齐方式设置为相对于栏"居中",垂直对齐方式设置相对于"页面"的绝对位置为"7厘米","左、右、上、下"内部边距都设置为0。在文本框内插入证件照片,证件照片的尺寸设置为3.5×5.3(cm),即宽度为3.5厘米,高度为5.3厘米。

(7) 在"校名"位置插入校名的艺术字"明德学院",设置艺术字的字体为"华文行楷",字号为"初号",字形为"加粗"。

(8) 在校名"明德学院"位置插入印章图片,该印章的环绕方式设置为"浮动文字上方",大小缩放的高度和宽度都设置为"30%"。

(9) 以本文档为主文档,以同一文件夹中的的Excel文档"毕业生名单.xlsx"作为数据源,在本文档的证书编号、姓名、性别、出生年、出生月、出生日、学习开始年份、开始月份、学习结束年份、结束月份、专业名称、学制对应位置插入12个域,实现邮件合并功能。要求在毕业证书中显示的年、月、日、学制均为汉字数字。

(10) 插入"链接和引用"域"IncludePicture",该域用于插入证件照片。然后插入嵌套合并域,实现邮件合并功能。

(11) 预览毕业证书的外观效果,最终外观效果示例如图4-23所示。

图4-23 毕业证书的外观效果

【任务实现】

1. 页面设置

（1）设置纸张方向

在【布局】选项卡【页面设置】组单击【纸张方向】，在弹出的下拉菜单中选择【横向】命令，如图 4-24 所示。

（2）设置纸张大小

在【布局】选项卡【页面设置】组单击【纸张大小】，在弹出的下拉菜单中选择【16 开（18.4 厘米×26 厘米）】命令，如图 4-25 所示。

图 4-24　在【纸张方向】下拉菜单中
　　　　　选择【横向】命令

图 4-25　在【纸张大小】下拉菜单中
　　　　　选择【16 开】命令

（3）设置页边距

在【布局】选项卡【页面设置】组单击【页边距】，在弹出的下拉菜单中选择【自定义边距】命令，打开【页面设置】对话框，显示【页边距】选项卡，在"页边距"区域分别设置"上、下、左、右"边距为 2 厘米。

2. 分栏设置

将光标置于待分栏的页面，在【布局】选项卡【页面设置】组单击【分栏】按钮，在弹出的下拉菜单中选择【更多分栏】命令，如图 4-26 所示。打开【分栏】对话框，在"栏数"

数字框输入"2",选中"栏宽相等"复选框,在"宽度"数字框中输入"28字符",在"间距"数字框中输入"3.4字符",如图4-27所示。

图4-26 "分栏"下拉菜单

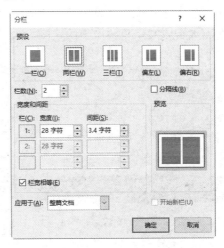

图4-27 【分栏】对话框

3. 输入所需的文本内容,并设置其格式

输入图4-28所示的文本内容,将文字"普通高等学校"的格式设置为"楷体、小一、加粗",对齐方式设置为"居中"。将文字"毕业证书"的格式设置为"隶书、初号",对齐方式设置为"居中"。将其他文字设置为"楷体,三号",将落款日期"二〇二〇年六月十八日"设置为"右对齐"。格式设置效果如图4-28所示。

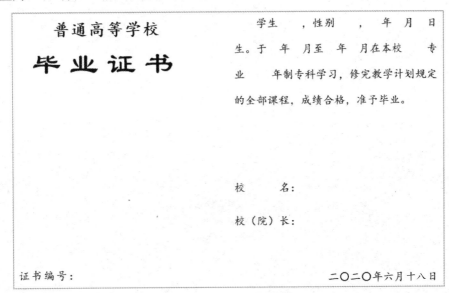

图4-28 毕业证书的初始文本内容

4. 字体设置

选中毕业证书中的证书编号、姓名、性别、学习起止年月、专业名称、学制对应位置的空格,在【开始】选项卡【字体】组中单击【加粗】按钮,将所选内容的字形都设置为"加粗"。

5. 页脚设置

在毕业证书页脚位置双击，进入"页眉和页脚"的编辑状态，在页脚位置的左端输入文字"中华人民共和国教育部学历证书查询网址：http://www.chsi.com.cn"，中间按【Tab】键进行分隔，在右端输入文字"明德学院监制"，毕业证书页脚的外观效果如图 4-29 所示。

图 4-29　毕业证书页脚的外观效果

在【页眉和页脚工具】选项卡中单击【关闭页眉和页脚】按钮，如图 4-30 所示，退出"页眉和页脚"的编辑状态。

图 4-30　在【页眉和页脚工具】选项卡中单击【关闭页眉和页脚】按钮

6. 插入与设置文本框

在毕业证书页面左栏中部绘制一个文本框，选中该文本框，在【绘图工具—格式】选项卡【大小】组将其高度设置为"5.5 厘米"，宽度设置为"3.7 厘米"。

选中该文本框，在【绘图工具—格式】选项卡【排列】组中单击【环绕文字】，在弹出的下拉菜单中选择"四周型"环绕方式，如图 4-31 所示。

图 4-31　在【环绕文字】下拉菜单中选择"四周型"

右键单击该文本框，在弹出的快捷菜单中选择【其他布局选项】命令，打开【布局】对话框，切换到【位置】选项卡，在"水平"区域设置水平对齐方式为相对于"栏"设置为"居中"，在"垂直"区域设置垂直对齐方式为相对于"页面"的绝对位置为"7 厘米"，如图 4-32 所示。

图 4-32 在【布局】对话框【位置】选项卡中设置文本框的"水平"和"垂直"位置

右键单击该文本框,在弹出的快捷菜单中选择【设置形状格式】命令,打开【设置形状格式】窗格,切换到【布局属性】选项卡,展示"文本框"的设置选项,将"左、右、上、下"的内部边距都设置为 0,如图 4-33 所示。

切换到【填充与线条】选项卡,设置文本框的线条为"无线条"。

7. 插入与设置艺术字

将光标置于毕业证书文档页面右栏文字"校名:"右侧的空白处,在【插入】选项卡【文本】组中单击【艺术字】按钮,在弹出的艺术字样式列表中选择一种合适的样式,如图 4-34 所示。

图 4-33 【设置形状格式】窗格　　图 4-34 在艺术字样式列表中选择一种合适的样式

在文档中插入艺术字编辑框，输入文字"明德学院"，然后选择输入的文字，设置艺术字的字体为"华文行楷"，字号为"初号"，字形为"加粗"。

8. 插入与设置印章

将光标置于校名艺术字位置，在【插入】选项卡【插图】组单击【图片】按钮，在弹出的【插入图片】对话框中选择图片文件"明德学院印章.png"，然后单击【插入】按钮，插入印章图片。

图 4-35　校名和印章的外观效果

选择印章图片，打开【布局】对话框，在该对话框中设置印章的环绕方式设置为"浮动文字上方"，大小缩放的高度和宽度都设置为"30%"。

校名和印章的外观效果如图 4-35 所示。

9. 准备证件照片与毕业生数据源

在主文档"毕业证书.docx"所在文件中存放毕业照片文件和 Excel 数据源文件"毕业生名单.xlsx"，并且数据源中的照片名称必须与该文件夹中实际照片文件名完全一致，否则不能正确引用和显示照片。

由于要求在毕业证书中显示的年、月、日、学制均为汉字数字，在 Excel 工作表中使用函数 NumberString() 即可实现。

从身份证号中获取出生年、月、日，并使用函数 NumberString() 转换为汉字数字，分别使用公式"=NUMBERSTRING(MID(E2,7,4),3)"、"=NUMBERSTRING(MID(E2,11,2),3)"和"=NUMBERSTRING(MID(E2,13,2),3)"实现。

开始年份和结束年份分别使用公式"=NUMBERSTRING(2017,9)"和"=NUMBERSTRING(2020,6)"将阿拉伯数字转换为汉字数字。开始月份、结束月份、学制则可以直接输入汉字数字即可。

10. 建立主文档与数据源的链接

打开主文档"毕业证书.docx"，在【邮件】选项卡【开始邮件合并】组单击【开始邮件合并】按钮，在弹出的下拉菜单中选择【目录】类型。

在【邮件】选项卡【开始邮件合并】组单击【选择收件人】按钮，在弹出的【选择收件人】下拉菜单中选择【使用现有列表】命令，如图 4-36 所示。

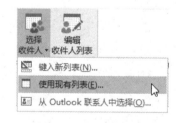

图 4-36　在【选择收件人】下拉菜单中选择【使用现有列表】命令

在打开的【选取数据源】对话框中选择数据源文件，这里选取"毕业生名单.xlsx"，如图 4-37 所示。然后单击【打开】按钮，接着在打开的【选择表格】对话框中选择工作表"Sheet1"，如图 4-38 所示。

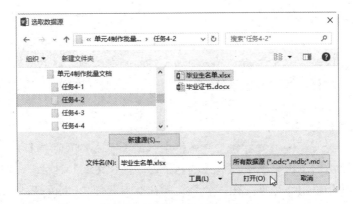

图 4-37 【选取数据源】对话框

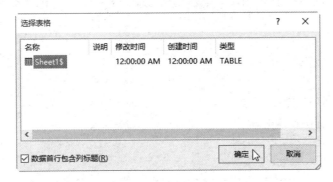

图 4-38 【选择表格】对话框

11. 编辑收件人列表

如果数据源中的数据较多或者有空记录,在合并记录之前必须对收件人列表进行编辑。在【邮件】选项卡【开始邮件合并】组单击【编辑收件人列表】按钮,在打开的【邮件合并收件人】对话框选择待合并的记录,取消空记录和不需要合并的记录,如图 4-39 所示,然后单击【确定】按钮。

图 4-39 【邮件合并收件人】对话框

12. 插入文字合并域

在【邮件】选项卡【编写和插入域】组单击【插入合并域】按钮，在弹出的列表中选择相应的合并域，在毕业证书对应的位置分别插入对应的合并域：证书编号、姓名、性别、出生年、出生月、出生日、学习开始年份、开始月份、学习结束年份、结束月份、专业名称、学制。

13. 插入照片嵌套域

在毕业证书主控文档中将光标置于文本框中，在【插入】选项卡【文本】组单击【文档部件】按钮，在弹出的下拉菜单中选择【域】命令，打开【域】对话框，在"类别"下拉列表框中选择"链接和引用"选项，在"域名"列表框中选择"IncludePicture"选项，在"文件名或URL"文本框中输入"XXX"，这里随意输入几个字母即可，默认"更新时保留原格式"复选框被选中，如图4-40所示。然后单击【确定】按钮，关闭【域】对话框。

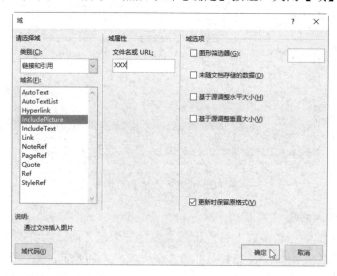

图 4-40 【域】对话框

此时在文档中会显示一个图像占位符，按快捷键【Alt + F9】显示域代码（域代码切换），可以看到如图 4-41 所示域代码。

图 4-41 嵌套域代码

再一次按快捷键【Alt+F9】切换到示图像占位符的界面。

注意： 此时不要保存主控文件。

14. 合并记录到新文档

记录可合并到新文档，或合并到打印机（即送打印机打印），或合并到电子邮件，这里将记录合并到新文档保存备用。

在【邮件】选项卡【完成】组单击【完成并合并】按钮，在弹出的下拉菜单中选择【编辑单个文档】命令，在弹出的【合并到新文档】对话框中选择"全部"单选按钮，然后单击【确定】按钮，将结果导入新文档中。

将新文档保存到与主控文档同一个文件夹中，命名为"邮件合并完成后的毕业证书.docx"，然后按快捷键【Ctrl+A】选中合并记录文档的全部内容，即选中文档中的全部照片域，按【F9】键更新域。

先暂时关闭该新文档，然后重新打开该文档，即可显示所有记录的照片及毕业证书的其他信息。

按快捷键【Alt+F9】显示合并记录文档中的全部照片域代码，从显示的照片域代码可知，系统自动将"照片"更新为当前的完全路径文件名，即"照片"要使用绝对路径的文件名。将该文件复制到其他文件夹时，会自动更新为当前的完全路径。

15. 预览毕业证书的外观效果

在【文件】选项卡中单击【打印】按钮即可预览毕业证书的外观效果，如图4-23所示。

【创意训练】

【任务4-3】 利用邮件合并功能制作产品推介会请柬

提示：请扫描二维码浏览任务描述和操作提示内容。

【任务4-4】 利用邮件合并功能制作准考证

提示：请扫描二维码浏览任务描述和操作提示内容。

单元 5 Excel 输入与编辑数据

Excel 2016 可以方便地对数据进行组织与分析，把表格数据用各种统计图形象地表示出来。Excel 是以工作表的方式进行数据运算和分析的，因此数据是工作表的重要组成部分，是显示、操作以及计算的对象。只有在工作表中输入一定的数据，才能根据要求完成相应的数据运算和数据分析工作。人们平常所见到的工资表、订货单、经费预决算表都可以利用 Excel 软件来完成。

【在线学习】

5.1 Excel 的基本工作对象

通过在线学习理解与熟悉以下术语与概念。
（1）工作簿与工作表。
（2）行与列。
（3）单元格与活动单元格。
（4）当前工作表与活动工作表。

5.2 Excel 工作表的基本操作

在 Excel 2016 中，默认一个工作簿包括 1 个工作表，可以插入、删除工作表，还可以对工作表进行复制、移动和重命名等操作。

通过在线学习熟悉 Excel 以下操作方法与相关知识。

5.2.1 工作表的选定与切换

（1）如何选定单个工作表？
（2）如何选定多个工作表？
（3）如何选定全部工作表？
（4）如何使用鼠标单击的方法实现工作表的切换？
（5）如何使用【激活】对话框实现工作表的切换？

5.2.2 工作表的重命名与插入

（1）如何使用双击鼠标左键的方法实现工作表的重命名？
（2）如何使用鼠标右键单击的方法实现工作表的重命名？
（3）Excel 插入新的工作表有哪些方法？各种方法如何实现？

5.2.3 工作表的复制、移动与删除

（1）如何使用菜单命令实现工作表的复制和移动？
（2）如何使用鼠标拖动方法实现工作表的复制和移动？
（3）Excel 删除工作表的常见方法有哪些？各种方法如何实现？

5.2.4 工作表窗口的操作

（1）如何用 Excel 拆分工作表窗口？
（2）如何用 Excel 冻结窗格？
（3）如何用 Excel 取消冻结和拆分？

5.2.5 数据的查找与替换

用 Excel 查看并编辑指定的文字或数字；查找出包含相同内容（例如公式）的所有单元格；查找出与活动单元格中内容不匹配的单元格。
（1）如何用 Excel 实现数据的查找操作？
（2）如何用 Excel 实现数据的替换操作？

5.3　Excel 行与列的基本操作

通过在线学习熟悉 Excel 以下操作方法与相关知识。
（1）如何用 Excel 选定行？
（2）如何用 Excel 选定列？
（3）如何用 Excel 插入行或列？
（4）如何用 Excel 删除行或列？

5.4　Excel 单元格的基本操作

通过在线学习熟悉 Excel 以下操作方法与相关知识。
（1）如何用 Excel 选定单元格？
（2）如何用 Excel 选定单元格区域？
（3）如何用 Excel 移动单元格？
（4）如何用 Excel 复制单元格？
（5）如何用 Excel 插入单元格？

（6）如何用 Excel 删除单元格？
（7）如何用 Excel 移动单元格数据？
（8）如何用 Excel 复制单元格数据？

5.5 设置单元格格式

单元格的格式包括数字格式、对齐方式、字体、边框、底纹等方面。单元格的格式可以使用【开始】选项卡的命令按钮进行常见的格式设置，也可以使用【设置单元格格式】对话框进行单元格的格式设置。通过在线学习熟悉 Excel 以下操作方法与相关知识。

（1）如何用 Excel 设置数字格式？
（2）如何用 Excel 设置对齐方式？
（3）如何用 Excel 设置字体格式？
（4）如何用 Excel 设置单元框边框？
（5）如何用 Excel 设置单元格的填充颜色和图案？

5.6 调整工作表的行高和列宽

当单元格中数据内容超出预设的单元格高度时，可以调整行高以便显示完整内容。当单元格中数据内容超出预设的单元格宽度时，可以调整列宽以便显示完整内容。

通过在线学习熟悉 Excel 以下操作方法与相关知识。
（1）如何用 Excel 使用菜单命令调整行高？
（2）如何用 Excel 使用鼠标拖动调整行高？
（3）如何用 Excel 使用菜单命令调整列宽？
（4）如何用 Excel 使用鼠标拖动调整列宽？

【方法指导】

5.7 Excel 数据的输入

5.7.1 Excel 的数据类型

在【开始】选项卡【数字】组单击【常规】列表框的【数字格式】按钮，弹出数字格式下拉菜单，如图 5-1 所示，Excel 的常用数据类型有数字、货币、日期、时间、百分比、分数、科学记数等类型。

5.7.2 输入文本数据

Excel 的文本是指当作字符串处理的数据，包括汉字、字母、数字字符、空格以及各种符号。对于邮政编码、身份证号码、电话号码、存折编号、学号、职工编号之类的纯数字形式的数据，也视为文本数据。

在默认状态下，单元格输入的文本数据为左对齐显示在一行内。当数据宽度超过单元格的宽度时，如果其右侧单元格内没有数据，则单元格的内容会扩展到右侧的单元格内显示，但内容仍在一个单元格里；如果其右侧单元格内有数据，则输入结束后，单元格内的文本数据被截断显示，但内容并没有丢失，选定单元格后，完整的内容即显示在编辑框中。

1. 文本换行的实现方法

（1）自动换行法

选中单元格并单击右键，在弹出的快捷菜单中选择【设置单元格格式】命令，在弹出的【设置单元格格式】对话框中，切换到【对齐】选项卡，并选择"自动换行"复选框。或者选中单元格，在【开始】选项卡【对齐方式】组中单击【自动换行】按钮。

（2）强制换行法

把光标移到需要换行的位置，按【Alt+Enter】组合键实现单元格内换行，单元格的高度自动增加，以容纳多行文本。

2. 输入纯数字文本

对于一般的文本内容直接选定单元格输入即可，对于文本形式的数字数据，为保证其原貌，应先输入半角单引号"'"，然后输入对应的数字，表示所输入的数字作为文本处理，不可以参与求和之类的数学计算。否则，首位数字是零时（如电话的区号），零会自动舍去，或者数字超过 12 位时（如身份证号），会自动按科学计数法显示数字。

图 5-1　数字格式下拉菜单

5.7.3　输入数值数据

1. 输入数字字符

在单元格中可以直接输入整数、小数和分数。

2. 输入数字符号

在单元格中除了可以输入 0~9 的数字字符，也可以输入以下数字符号。

（1）正负号："+""-"。

（2）货币符号："¥""$""€"。

（3）左右括号："(")"。

（4）分数线"/"、千位符","、小数点"."、百分号"%"。

（5）指数标识"E"和"e"。

3. 输入特殊形式的数值数据

（1）输入负数

输入负数可以直接输入负号"-"和数字，也可以带括号输入数字，例如输入"(100)"，在单元格中显示的是"-100"。

（2）输入分数

在输入分数时，应在分数前加"0"和1个空格，例如输入"1/2"时，应在单元格输入"0 1/2"，在单元格中显示的是"1/2"。否则 Excel 会认为输入的是一个日期。

注意：如果在输入的分数前不加限制或只加"0"则输出的结果为日期，即"1/2"变成"1月2日"的形式；如果在分数前只加1个空格则输出的分数为文本形式的数字；如果输入的数字不能构成日期（例如1/32），则可直接输入。

（3）输入多位的长数据

在输入多位的长数据时，一般带千位分隔符","输入，但在编辑栏中显示的数据没有千位分隔符","。

如果输入数据的位数较多，一般情况下单元格的数据会自动显示成科学计数法形式。

无论在单元格输入数值时显示的位数是多少，Excel 只保留15位的精度，如果数值长度超出了15位，Excel 将多余的数字显示为"0"。

5.7.4 输入日期和时间

在输入日期时，按照年、月、日的顺序输入，并且使用斜杠（/）或连字符（-）分隔表示年、月、日的数字。输入时间应按照时、分、秒的顺序输入，并且使用半角冒号（:）分隔表示时、分、秒的数字。在同一单元格同时输入日期和时间时，必须使用空格分隔。

输入当前系统日期可以按快捷键【Ctrl+;】，日期内容不会动态变化，如果需要日期动态变化则输入"=TODAY()"；输入当前系统时间时可以按快捷键【Ctrl+Shift+;】，日期内容不会动态变化。

单元格日期或时间的显示形式取决于所在单元格的数字格式，如果输入了 Excel 可以识别的日期或时间数据，单元格格式会从"常规"数字格式自动转换为内置的日期或时间格式，对齐方式默认为右对齐。如果输入了 Excel 不能识别的日期或时间，输入的内容将视为文本数据，在单元格中左对齐。

5.7.5 自动填充数据

在 Excel 工作表中，如果输入的数据是一组有规律的数值，可以使用系统提供的"自动填充"功能进行填充。使用鼠标拖动单元格右下角的填充柄，可在连续多个单元格中填充数据。

1. 复制填充

（1）使用命令方式复制填充

选定序列首单元格，输入起始数据，选定序列单元格区域（包含已输入数据的首单元格），然后根据单元格区域的特征（在首单元格下方、上方、右侧和左侧）在【开始】选项卡【编辑】组单击【填充】按钮，在弹出的下拉菜单中选择合适的命令如图5-2所示，系统自动将序列首单元格中的数据复制填充到选中的各个单元格中。

图5-2 【填充】下拉菜单

（2）按住鼠标左键直接拖动填充柄填充

在数据序列的首单元格中输入数据并确认，选定数据序列的首单元格，移动鼠标指针到填充柄处，鼠标呈黑十字形状✚，按住鼠标左键拖动填充柄到序列的末单元格，松开鼠标左键。对于数值型数据、尾部不含数字串的文本字符串、非系统定义的序列都是复制填充，即序列首单元格的数据被复制填充到鼠标拖动经过的各个单元格中。

在序列单元格区域前两个单元格中输入相同的数据，然后选中前两个单元格，用鼠标拖动填充柄进行填充也会复制填充。

（3）按住【Ctrl】键的同时按住鼠标左键拖动填充柄填充

在 Excel 2016 中，对于尾部包含数字串的文本字符串、日期型数据或时间型数据、系统定义的序列（如星期一至星期日），按住【Ctrl】键的同时按住鼠标左键拖动填充柄填充时，则首单元格的数据被复制填充。

（4）选择自动填充选项

按住鼠标左键拖动填充柄填充数据结束，会出现"自动填充选项"图标 ，单击该图标在弹出的单选按钮列表中选择"复制单元格"单选按钮，如图 5-3 所示，即可实现数据复制。

（5）按住鼠标右键拖动填充柄填充

在数据序列的首单元格中输入数据并确认，按住鼠标右键拖动填充柄填充数据结束，会弹出如图 5-4 所示快捷菜单，选择【复制单元格】命令，即可实现数据复制。

图 5-3 在"自动填充选项"的下拉菜单
选择"复制单元格"选项

图 5-4 按住鼠标右键拖动填充柄
填充数据时的快捷菜单

2. 鼠标拖动填充

（1）数值型数据的填充

① 当填充的序列数据步长为"+1"或"-1"时，在数据序列的首单元格中输入数值并确认，选中数据序列的首单元格，按住【Ctrl】键的同时按住鼠标左键拖动填充柄到末单元格，生成系统默认的步长为 1 的等差序列。向右、向下填充时，数据递增，向左、向上填充时，数据递减。

② 当填充的步长不等于"+1"或"-1"时，先在前两单元格输入合适的数据，第 1 个单元格的数据为初值，两个单元格的数值差为步长值，选中前两个单元格，用鼠标拖动填充柄进行填充即可。

（2）文本型数据的填充

在 Excel 2016 中，对于尾部包含数字串的文本字符串，按住鼠标左键拖动填充柄填充时，单元格中的数字呈等差数列变化。

在 Excel 2016 中，对于数字型文本字符串，按住【Ctrl】键的同时按住鼠标左键拖动填充柄填充时，单元格中的数字呈等差数列变化。

（3）日期型数据的填充

对于系统可识别的日期型数据，按住鼠标左键直接拖动填充柄填充，按"日"生成等差数列。

（4）时间型数据的填充

对于系统可识别的时间型数据，按住鼠标左键直接拖动填充柄填充，按"小时"生成等差数列。

（5）系统定义序列的填充

对星期一至星期日、一月至十二月、第一季至第四季、甲至癸、子至亥等系统定义的序列，按住鼠标左键直接拖动填充柄填充时，按系统序列定义的内容填充。

按住鼠标左键拖动填充柄填充数据序列结束，会出现"自动填充选项"图标，单击该图标在选项列表中选择"填充序列"单选按钮，即可填充数据。

按住鼠标右键拖动填充柄填充数据序列结束，在弹出的快捷菜单中根据需要选择【填充序列】、【等差序列】、【等比序列】即可。

图 5-5 【序列】对话框

3. 自动填充序列

（1）在数据序列的首单元格中输入数据并确认，按住鼠标右键拖动填充柄填充数据结束，在弹出的快捷菜单选择【序列】命令，打开【序列】对话框，如图 5-5 所示。

（2）在【序列】对话框中进行必要的参数设置。

① "序列产生在"：选择是按"行"还是按"列"填充。

② "类型"：选择填充数据，包括"等差序列""等比序列""日期""自动填充" 4 个选项，如果选择"日期"单选按钮，还要选择"日期单位"，如果选择"自动填充"，其填充效果相于拖动填充柄进行填充。

③ "预测趋势"：只对等差数列和等比数列起作用，可以预测数列的填充趋势。

④ "步长值"：输入数列的步长。

⑤ "终止值"：输入数列的最后一项数值。

在【序列】对话框中设置好参数后，单击【确定】按钮即可按要求自动填充序列。

5.8 数据验证

在 Excel 工作表中输入数据时，可以限制数据的类型和范围，还可以设置数据输入的提示信息和出现错误的警告信息。

（1）选定要进行数据验证的行或列。

（2）设置数据验证条件。单击【数据】选项卡【数据工具】的【数据验证】按钮，在弹出的下拉菜单中选择【数据验证】命令，打开【数据验证】对话框。在该对话框的【设置】选项卡的"允许"列表框中选择一个数据类型，如"整数"；在"数据"列表框中选择 1 个运算符选项,如"介于";输入数据范围值,如在"最小值"数字框中输入"0",在"最大值"数字框中输入"100",如图5-6所示。

(3)设置在选定单元格时显示的输入信息。在【数据验证】对话框中切换到"输入信息"选项卡,选中"选定单元格时显示输入信息"复选框,然后在"标题"编辑框中输入提示信息的标题,如"输入成绩",在"输入信息"编辑框中输入要提示的信息,如"必须为 0~100 之间的整数",如图 5-7 所示。

图 5-6 【数据验证】对话框 1　　　　　图 5-7 【数据验证】对话框 2

(4)设置在输入无效数据时显示的出错警告信息。在【数据验证】对话框中切换到【出错警告】选项卡,选中"输入无效数据时显示出错警告"复选框,在"样式"列表框中选择"警告"选项,在"标题"编辑框中输入警告信息的标题,如"不能输入无效的成绩",在"错误信息"编辑框中输入错误提示信息,如"请输入 0~100 之间的整数",如图 5-8 所示。

图 5-8 【数据有效性】对话框之"出错警告"选项卡

在【数据验证】对话框中单击【确定】按钮完成数据有效性的设置。

在 Excel 工作表中，选中设置数据验证的单元格时，便会出现如图 5-9 所示的提示信息，预防输入错误数据。

如果在设置数据验证的单元格中输入不符合限定条件的数据时，便会出现如图 5-10 所示"警告信息"对话框。

图 5-9　"提示信息"对话框

图 5-10　"警告信息"对话框

5.9　编辑工作表的内容

1．编辑单元格的内容

（1）将光标插入点定位到单元格或编辑栏中。

方法 1：将鼠标指针✥移至待编辑内容的单元格上，双击左键或者按【F2】键即可进入编辑状态，在单元格内鼠标指针变为I形状。

方法 2：将鼠标指针移到编辑栏中单击。

（2）对单元格或编辑栏中的内容进行修改。

（3）确认修改的内容。按【Enter】键确认所做的修改；按【Esc】键则取消所做的修改。

2．清除单元格或单元格区域

清除单元格，只是删除单元格中的内容、格式或批注，清除内容后的单元格仍然保留在工作表中。而删除单元格，将会从工作表中移去单元格，并调整周围单元格填补删除的空缺。

方法 1：先选定需要清除的单元格或单元格区域，再按【Delete】键或【Backspace】键，只清除单元格的内容，而保留该单元格的格式和批注。

方法 2：先选定需要清除的单元格或单元格区域，在【开始】选项卡【编辑】组单击【清除】按钮，弹出如图 5-11 所示的下拉菜单，在该下拉菜单中选择所需清除命令，即可清除单元格或单元格区域中的全部（包括内容、格式和批注）或格式或内容或批注或超链接。

图 5-11　【清除】下拉菜单

【分步训练】

【任务5-1】 "企业通信录.xlsx"的基本操作

【任务描述】

（1）打开 Excel 文件"企业通信录.xlsx"，然后另存为"企业通信录2.xlsx"。

（2）在工作表"Sheet1"之前插入新工作表"Sheet2"和"Sheet3"，将工作表"Sheet2"移到"Sheet3"的右侧。

（3）将工作表"Sheet1"重命名为"企业通信录"。

（4）将工作表"Sheet2"删除。

（5）在序号为4的行下面插入一行。

（6）在标题为"联系人"的左侧插入一列。

（7）删除新插入的行和列。

（8）打开 Excel 工作簿"企业通信录2.xlsx"，在企业名称为"鹰拓国际广告有限公司"的单元格上方插入1个单元格，然后删除新插入的单元格。

（9）将企业名称为"鹰拓国际广告有限公司"的单元格复制到单元格"B12"的位置。

【任务实现】

1. 打开 Excel 文件"企业通信录.xlsx"

（1）启动 Excel 2016。

（2）选择【文件】选项卡中的【打开】命令，弹出【打开】对话框，在该对话框选中待打开的 Excel 文件"企业通信录.xlsx"，单击【打开】按钮即可打开 Excel 文件。

2. 将 Excel 文件"企业通信录.xlsx"另存为"企业通信录2.xlsx"

（1）打开 Excel 文件"企业通信录.xlsx"。

（2）在【文件】选项卡中选择【另存为】命令，弹出【另存为】对话框，在该对话框中"文件名"列表框中输入"企业通信录2.xlsx"，然后单击【保存】按钮即可。

3. 插入与移动工作表

（1）选定工作表"Sheet1"，然后在【开始】选项卡【单元格】组单击【插入】按钮，在弹出的快捷菜单中选择【插入工作表】命令，即可在工作表"Sheet1"之前插入1个新工作表"Sheet2"。以同样的方法再次插入1个新工作表"Sheet3"。

（2）选定工作表标签"Sheet2"，然后按住鼠标左键拖动到工作表"Sheet3"的右侧即可。

4. 工作表的重命名

使用鼠标左键双击工作表标签"Sheet1"，"Sheet1"变为选中状态时，直接输入新的工作表标签名称"企业通信录"，确定名称无误后按回车键即可。

5. 删除工作表

在工作表"Sheet2"标签位置单击鼠标右键，在弹出的快捷菜单中选择【删除】命令即可删除该工作表。

6. 插入与删除行

（1）在序号为 5 的行中选定一个单元格。

（2）在【开始】选项卡【单元格】组的【插入】下拉菜单中选择【插入工作表行】命令，在选中的单元格上插入新的一行。

（3）单击选中新插入的行，然后在【删除】下拉菜单选择【删除工作行】命令，选定的行将被删除，其下方的行自动上移一行。

7. 插入与删除列

（1）在标题为"联系人"列中选定一个单元格。

（2）在【插入】下拉菜单中的选择【插入工作表列】命令，在选中单元格的左边插入新的一列。

（3）先选中新插入的列，然后在【删除】下拉菜单选择【删除工作列】命令，选定的列将被删除，其右侧的列自动左移一列。

8. 插入与删除单元格

（1）选择企业名称为"鹰拓国际广告有限公司"的单元格。

（2）右键单击，在弹出的快捷菜单中选择【插入】命令，打开【插入】对话框。

（3）在【插入】对话框中选择"活动单元格下移"选项。

（4）单击【确定】按钮，则在选中单元格上方插入新的单元格。

（5）先选中新插入的单元格，再右键单击，在弹出的快捷菜单中选择【删除】命令，弹出【删除】对话框，在该对话框中选择"下方单元格上移"单选按钮，单击【确定】按钮，即可完成单元格的删除操作。

9. 复制单元格数据

（1）选定企业名称为"鹰拓国际广告有限公司"的单元格。

（2）移动鼠标指针到选定单元格的边框处，鼠标指针呈空心箭头状时，按住【Ctrl】键的同时按住鼠标左键拖动鼠标到单元格"C12"，松开鼠标左键即可。

【引导训练】

【任务 5-2】 "客户通信录"的数据输入与编辑

【任务描述】

创建 Excel 工作簿"客户通信录.xlsx"，在该工作表"Sheet1"中输入图 5-12 所示"客户通信录"数据。要求"序号"列数据"1～8"使用鼠标拖动填充方法输入，"称呼"列第 2 行到第 9 行的数据先使用命令方式复制填充，内容为"先生"，然后修改部分称呼不是"先生"的数据，E7、E8 两个单元格中的"女士"文字使用鼠标拖动方式复制填充。

单元 5　Excel 输入与编辑数据

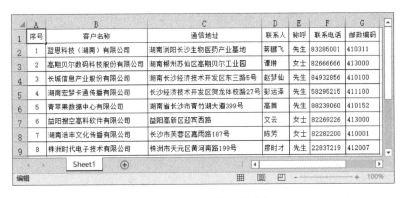

图 5-12　客户通信录的数据

【任务实现】

1. 创建 Excel 工作簿"客户通信录.xlsx"

（1）启动 Excel 2016，自动创建一个名为"工作簿 1"的空白工作簿。

（2）在【快速访问工具栏】中单击【保存】按钮 ，弹出【另存为】对话框，在该对话框的"文件名"编辑框中输入文件名称"客户通信录"，保存类型默认为".xlsx"，然后单击【保存】按钮进行保存。

2. 输入数据

在工作表"Sheet1"中输入图 5-12 所示的"客户通信录"数据，这里暂不输入"序号"和"称呼"两列的数据。

3. 自动填充数据

（1）自动填充"序号"列数据

在"序号"列的首单元格 A2 中输入数据"1"并确认，选中数据序列的首单元格，按住【Ctrl】键的同时按住鼠标左键拖动填充柄到末单元格，自动生成步长为 1 的等差序列。

（2）自动填充"称呼"列数据

选定"称呼"列的首单元格 E2，输入起始数据"先生"，选定序列单元格区域 E2:E9；然后在【开始】选项卡【编辑】组单击【填充】按钮 ，在弹出的下拉菜单选择【向下】命令，系统自动将首单元格中的数据"先生"复制填充到选中的各个单元格中。

4. 编辑单元格中的内容

将单元格 E3 中的"先生"修改为"女士"，将单元格 E7 中的"先生"修改为"女士"，然后使用鼠标拖动方式将 E7 单元格的"女士"复制填充至 E8 单元格。

5. 保存 Excel 工作簿

在【快速访问工具栏】中单击【保存】按钮，对工作表输入的数据进行保存。

【任务 5-3】　"客户通信录.xlsx"的格式设置

【任务描述】

打开文件夹"任务 5-3"中的 Excel 工作簿"客户通信录.xlsx"，按照以下要求进行操作：

（1）在第 1 行之前插入 1 个新行，输入内容"客户通信录"。

(2)使用【设置单元格格式】对话框设置第 1 行"客户通信录"的字体为"宋体"、字号为 20、加粗,水平对齐方式设置为跨列居中,垂直对齐方式设置为居中。

(3)使用【开始】选项卡中命令按钮,设置其他行文字的字体为"仿宋"、字号为 10,垂直对齐方式设置为居中。

(4)使用【开始】选项卡中的命令按钮,将"序号"所在标题行数据的水平对齐方式设置为"居中"。

(5)使用【开始】选项卡中的命令按钮,将"序号""称呼""联系电话""邮政编码"四列数据的水平对齐方式设置为"居中"。

(6)使用【开始】选项卡中"数字格式"下拉菜单,将"联系电话""邮政编码"两列数据设置为"文本"类型。

(7)使用【行高】对话框将第 1 行(标题行)的行高设置为 35,其他数据行(第 2 行至第 10 行)的行高设置为 20。

(8)使用菜单命令将各数据列的宽度自动调整为至少能容纳单元格中的内容。

(9)使用【设置单元格格式】对话框的"边框"选项卡,将包含数据的单元格区域设置为边框线。

(10)设置纸张方向为"横向",然后预览页面的整体效果。

【任务实现】

1. 打开 Excel 文件"客户通信录.xlsx"

2. 插入新行

(1)选中"序号"所在的标题行。

(2)在【开始】选项卡【单元格】组的【插入】下拉菜单中选择【插入工作表行】命令,在"序号"所在的标题行上边插入新的一行。

(3)在新插入行的单元格 A1 中输入"客户通信录"。

3. 使用【设置单元格格式】对话框设置单元格格式

选择 A1 至 H1 的单元格区域,然后单击右键,在弹出的快捷菜单中选择【设置单元格格式】命令,打开【设置单元格格式】对话框,切换到"字体"选项卡,在"字体"选项卡依次设置字体为"宋体"、字形为"加粗"、字号为"20"。

切换到"对齐"选项卡,设置水平对齐方式为"跨列居中",垂直对齐方式为"居中"。

4. 使用【开始】选项卡中的命令按钮设置单元格格式

(1)选中 A2 至 H10 的单元格区域,然后在【开始】选项卡【字体】组设置字体为"仿宋"、字号为"10",在【对齐方式】组单击【垂直居中】按钮,设置该单元格区域的垂直对齐方式为居中。

(2)选中 A2 至 H2 的单元格区域,即"序号"所在标题行数据,然后在【对齐方式】组单击【居中】按钮,设置该单元格区域的水平对齐方式为居中。

(3)选中 A3 至 A10、E3 至 G10 两个不连续的单元格区域,即"序号""称呼""联系电话""邮政编码"四列数据,然后在【对齐方式】组单击【居中】按钮,设置两个单元格区域的水平对齐方式为居中。

(4)选中 F3 至 G10 的单元格区域,即"联系电话""邮政编码"两列数据,在【开始】选项卡【数字】组单击【数字格式】按钮,在弹出的下拉菜单中选择"文本"命令。

5. 使用【行高】对话框设置行高

（1）选中第 1 行（标题行），单击右键，在弹出的快捷菜单中选择【行高】命令，打开【行高】对话框，在"行高"文本框中输入"35"，然后单击【确定】按钮即可。

以同样的方法设置其他数据行（第 2 行至第 10 行）的行高为 20。

（2）选中 A 列至 H 列，然后在【开始】选项卡【单元格】组单击【格式】按钮，在弹出的下拉菜单中选择【自动调整列宽】命令即可。

6. 使用【设置单元格格式】对话框设置边框线

选中 A2 至 H10 的单元格区域，单击右键，在弹出的快捷菜单中选择【设置单元格格式】命令，打开【设置单元格格式】对话框，切换到"边框"选项卡，然后在该选项卡的"预置"区域中单击【外边框】和【内部】按钮，为包含数据的单元格区域设置边框线，如图 5-13 所示。

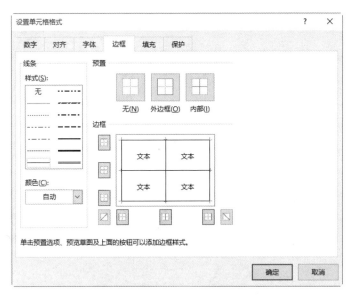

图 5-13 【设置单元格格式】对话框"边框"选项卡

7. 页面设置与页面的整体效果预览

（1）在【页面布局】选项卡的"页面设置"区域单击【纸张方向】按钮，在下拉菜单中选择【横向】命令，如图 5-14 所示。

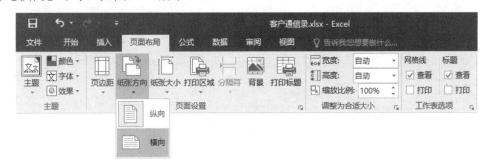

图 5-14 在"纸张方向"下拉菜单中选择【横向】命令

（2）在【文件】选项卡的下拉菜单中单击【打印】按钮，即可预览页面的整体效果。

【创意训练】

【任务 5-4】 "感恩节活动经费决算表.xlsx"的数据输入与格式设置

提示：请扫描二维码浏览任务描述和操作提示内容。

单元 6

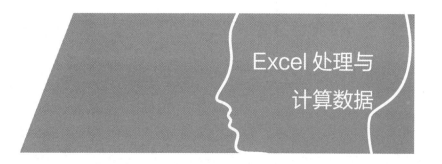

Excel 处理与
计算数据

数据计算与统计是 Excel 的重要功能，可以根据不同要求，通过公式和函数完成各类计算和统计。

【在线学习】

6.1 单元格引用

Excel 可以方便、快速地进行数据计算，在数据计算时一般需要引用单元格中的数据，单元格的引用是指在计算公式中使用单元格地址作为运算项，单元格地址代表单元格的数据。

通过在线学习熟悉 Excel 的基本概念与相关知识。
（1）单元格地址。
（2）单元格区域地址。
（3）行地址和列地址。
（4）单元格的引用类型。

6.2 使用公式计算

通过在线学习熟悉 Excel 以下操作方法与相关知识。
（1）Excel 的公式由哪些部分组成，运算符有哪些类型？
（2）如果公式同时用到了多个运算符，其运算优先顺序怎样？
在公式中同一级别的运算顺序怎样？
（3）如何用 Excel 输入计算公式和获取计算结果？
如图 6-1 所示，光标插入点定位在单元格 F3 中，输入"=D3*E3"后要在该单元格内显示计算结果应如何操作？
在计算工作表中两种规格 CPU 的销售额之和的公式是什么？在计算工作表中两种规格 CPU 的平均价格的公式是什么？
（4）如何用 Excel 实现公式的移动与复制操作？

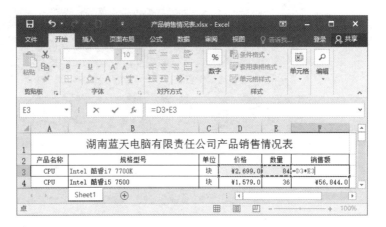

图 6-1 公式的输入与计算示例

【方法指导】

6.3 自动计算

在【公式】选项卡 "函数库" 区域单击【自动求和】按钮 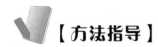，可以对指定或默认区域的数据进行求和运算。其运算结果值显示在选定列的下方第 1 个单元格中或者选定行的右侧第 1 个单元格中。

单击【自动求和】按钮右侧 按钮，在弹出的下拉菜单中包括多个自动计算命令，如图 6-2 所示。

图 6-2 【自动求和】的下拉菜单

6.4 使用函数计算

函数是 Excel 已定义好的具有特定功能的内置公式，例如 SUM（求和）、AVERAGE（求平均值）、COUNT（计数）、MAX（求最大值）、MIN（求最小值）等。

1. 函数的组成与使用

函数一般由函数名和用括号括起来的一组参数构成，其一般格式如下。

<函数名>(参数 1，参数 2，参数 3…)

函数名确定要执行的运算类型，参数则指定参与运算的数据。当有 2 个或 2 个以上的参数时，参数之间使用半角逗号（,）分隔，有时需要使用半角冒号（:）分隔。常见的参数有数值、字符串、逻辑值和单元格引用。函数还可嵌套使用，即 1 个函数可以作为另 1 个函数的参数。有些函数没有参数，例如返回系统当前日期的函数 TODAY()。

函数的返回值（运算结果）可以是数值、字符串、逻辑值、错误值等。

当工作表中某个单元格中设置的计算公式无法求解时，系统将在该单元格中以错误信息的形式显示出错信息。错误值可以使用户迅速判断产生错误的原因，如表 6-1 所示，列出了常见错误值的提示信息及其原因。

表 6-1　Excel 常见的错误值提示信息及其原因

错误信息	错误原因
######	计算结果太长，单元格放不下，增加单元格的列宽即可解决
#VALUE!	参数或运算对象的类型不正确
#DIV/0!	除数为 0
#NAME?	不存在的名称或拼写错误
#N/A	在函数或公式中没有可用的数值
#REF!	在公式中引用了无效的单元格
#NUM!	在函数或公式中某个参数有问题，或计算结果的数字太大或太小
#NULL!	使用了不正确的区域运算或不正确的单元格引用

2. 输入和选用函数

（1）在编辑框中手工输入函数

选定计算单元格，输入半角等号"="，然后输入函数名及函数的参数，校对无误后确认即可。

如图 6-3 所示，在单元格 F13 中计算内存的总销售额，则可以输入公式"=SUM(F3:F7)"。计算内存的平均销售额则可以输入公式"=AVERAGE(F3:F7)"。

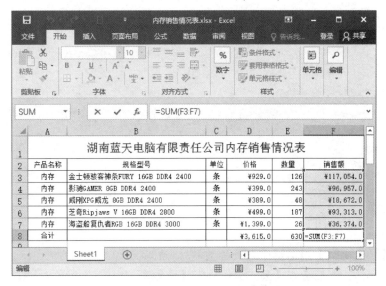

图 6-3　计算内存的总销售额

（2）在"常用函数"列表中选择函数

选定计算单元格，输入半角等号"="，然后在"编辑栏"中"名称框"位置展开常用函数列表，如图6-4所示。在函数列表中单击选择1个函数，例如"SUM"，打开【函数参数】对话框，在该对话框确定参数值，然后单击【确定】按钮即可完成计算。

在单元格F8中计算内存的总销售额，先选定F8，输入等号"="，然后在常用函数列表单击选择函数"SUM"，打开【函数参数】对话框。在该对话框的"Number1"右侧的编辑框中直接输入计算范围"F3:F7"，或者单击"Number1"右侧的"折叠"按钮，折叠【函数参数】对话框，且进入工作表中，按住鼠标左键拖动鼠标选择计算范围"F3:F7"，计算范围四周会出现1个框，同时【函数参数】对话框变成如图6-5所示的形状，显示工作表中选定的单元格区域。

图6-4　常用函数列表　　　　图6-5　【函数参数】对话框中显示选定单元格区域

再次单击折叠后的输入框右侧的"返回"按钮，返回图6-6所示的【函数参数】对话框，该对话框有函数功能和参数提示，还会显示计算结果。可以根据需要输入其他函数参数，然后单击【确定】按钮，完成公式输入和计算。

图6-6　选定了单元格区域的【函数参数】对话框

（3）在【插入函数】对话框中选择函数

先选定单元格，然后选择【公式】选项卡【函数库】组中的【插入函数】命令，或者直接单击"编辑栏"中的【插入函数】按钮，系统自动在选定的单元格中输入"="，同时弹出【插入函数】对话框，在该对话框中选择"函数类别"和"函数"，如图 6-7 所示，然后单击【确定】按钮，接着打开【函数参数】对话框，在该对话框中输入或设置参数后单击【确定】按钮完成函数输入和计算。

图 6-7 【插入函数】对话框

如图 6-3 所示，在单元格 F8 中计算内存的总销售额，先选定单元格 F8，然后单击"编辑栏"中的【插入函数】按钮 fx，在打开的【插入函数】对话框中选择函数"SUM"，打开【函数参数】对话框。在该对话框的"Number1"右侧的编辑框中直接输入计算范围"F3:F7"，也可以单击编辑框右侧的"折叠"按钮在工作表中拖动鼠标选择单元格区域"F3:F7"，然后再单击"返回"按钮返回【函数参数】对话框，最后单击【确定】按钮，完成数据计算。

3. 常用函数的功能与格式

常用函数的功能与格式如表 6-2 所示。

表 6-2 常用函数的功能与格式

函数名称	函数格式	函数功能
求和函数	SUM(参数 1,参数 2,…)	计算其参数或者单元格区域中所有数值之和,参数最多允许有 30 个，参数可以是数值或单元格引用
求平均值函数	AVERAGE(参数 1,参数 2,…)	计算其参数的算术平均值,参数最多允许有 30 个,参数可以是数值或者包含的名称、数组或单元格引用
求最大值函数	MAX(参数 1,参数 2,…)	求一组数值中的最大值,参数可以是数值或单元格引用，忽略逻辑值和文本字符,参数最多允许有 30 个
求最小值函数	MIN(参数 1,参数 2,…)	求一组数值中的最小值,参数可以是数值或单元格引用，忽略逻辑值和文本字符,参数最多允许有 30 个
统计数值型数据个数函数	COUNT(参数 1,参数 2,…)	计算包含数字的单元格以及参数列表中数值型数据的个数,参数可以是各种不同类型的数据或者单元格引用，但只对数值型数据进行计数,非数值型数据不计数
统计满足条件的单元格数函数	COUNTIF(单元格区域引用,判断条件)	计算单元格区域满足给定条件的单元格数目

续表

函数名称	函数格式	函数功能
取整函数	INT(参数)	求不大于指定参数的整数
圆整函数	ROUND(参数,四舍五入的位数)	参数为需要四舍五入的数值或单元格引用
判断函数	IF(判断条件,值1,值2)	判断一个条件是否成立,如果成立,即判断条件的值为TRUE,则返回"值1",否则返回"值2"
字符串截取函数	MID(字符串,起始位置,长度)	从文本字符串中指定的起始位置返回指定长度的字符
返回字符长度函数	LEN(text)	其功能为返回文本字符串中的字符数。参数text为待查找其长度的文本,空格将作为字符进行计数
左截取函数	LEFT(字符串,长度)	从一个文本字符串的第一个字符开始返回指定个数的字符
判断奇偶性函数	ISODD(number)	其功能为测试参数的奇偶性,参数number表示需要进行检验奇偶性的数值,该数值可以是具体的数字,也可以是单元格引用。当数值为奇数时,函数返回值为True,否则返回为False;当引用的单元格为空白时,那么当作0检验,函数返回值为False。当单元格中的数据是非数值类型,那么函数将返回错误值"#VALUE!"
按列查找函数	VLOOKUP(待查找的值,查找的区域,返回数据在区域中的列数,匹配方式)	VLOOKUP函数与HLOOKUP函数属于同一类函数,VLOOKUP是按列查找的,而HLOOKUP是按行查找的
返回行号函数	ROW(reference)	返回引用单元格或单元格区域的行号,参数reference为需要得到其行号的单元格或单元格区域,如果省略参数reference,则其返回值为公式所在单元格的行号,reference不能引用多个区域
返回列号函数	COLUMN(reference)	返回引用单元格或单元格区域的列标,参数reference为需要得到其列标的单元格或单元格区域,如果省略参数reference,则其返回值为公式所在单元格的列标
求余函数	MOD(n,d)	在Excel中,MOD函数是用于返回两数相除的余数,返回结果的符号与除数(d)的符号相同。参数n为被除数,d为除数。如果除数d为零,函数MOD返回值为"#DIV/0!"。 说明:函数MOD可以借用函数INT来表示:MOD(n,d) = n-d*INT(n/d)
通过偏移量得到新引用函数	OFFSET(reference,rows,cols,height,width)	在Excel中,OFFSET函数的功能为以指定的引用为参照系,通过给定偏移量得到新的引用。返回的引用可以为一个单元格或单元格区域,并可以指定返回的行数或列数
从参数列表返回值函数	CHOOSE(index_num,value1,[value2],...)	在Excel中,CHOOSE函数用于从参数列表中选择并返回一个值
当前日期函数	TODAY()	返回日期格式的当前日期
日期时间函数	NOW()	返回日期时间格式的当前日期和时间

续表

函数名称	函数格式	函数功能
年函数	YEAR(日期数据)	返回日期的年份值,即1个1900到9999之间的整数
月函数	MONTY(日期数据)	返回月份值,即1个1到12之间的整数
日函数	DAY(日期数据)	返回1个月中的第几天的数值,即1个1到31之间的整数
时函数	HOUR(日期数据)	返回小时数值,即1个0到23之间的整数
分函数	MINUTE(日期数据)	返回分钟数值,即1个0到59之间的整数
称函数	SECOND(日期数据)	返回秒数值,即1个0到59之间的整数
星期函数	WEEKDAY(日期数据,类型)	返回代表一周中的第几天的数值,即1个1到7的整数
求日期差值函数	DATEDIF(start_date,end_date,unit)	返回两个日期参数之间的差值

4. COUNTIF 函数

COUNTIF 函数是 Microsoft Excel 对指定区域符合指定条件的单元格进行计数的函数,该函数的语法规则如下:COUNTIF(range, criteria)

其中参数 range 表示要计数的区域,参数 criteria 以数字、表达式或文本形式定义的条件。

(1) 求各种类型单元格的个数

① 求空单元格个数的公式:=COUNTIF(数据区域,"=")。

② 求非空单元格个数的公式:=COUNTIF(数据区域,"<>")。

③ 求文本型单元格个数的公式:=COUNTIF(数据区域,"*")。

④ 求区域内所有单元格个数的公式:=COUNTIF(数据区域,"<>""")。如果数据区内有",该公式不成立。

⑤ 逻辑值为 TRUE 的单元格数量的公式:=COUNTIF(数据区,TRUE)。

(2) 求大于或小于某个值的单元格个数

① 求大于 90 的公式:=COUNTIF(数据区,">90")。

② 求等于 90 的公式:=COUNTIF(数据区,90)。

③ 求小于 90 的公式:=COUNTIF(数据区,"<90")。

④ 求大于或等于 90 的公式:=COUNTIF(数据区,">=90")。

⑤ 求小于或等于 90 的公式:=COUNTIF(数据区,"<=90")。

⑥ 求大于 E5 单元格的值的公式:=COUNTIF(数据区,">"&$E$5)。

⑦ 求等于 E5 单元格的值的公式:=COUNTIF(数据区,&$E$5)。

⑧ 求小于 E5 单元格的值的公式:=COUNTIF(数据区,"<"&$E$5)。

⑨ 求大于或等于 E5 单元格的值的公式:=COUNTIF(数据区,">="&$E$5)。

⑩ 求小于或等于 E5 单元格的值的公式:=COUNTIF(数据区,"<="&$E$5)。

(3) 求等于或包含 n 个特定字符的单元格个数

① 求包含两个字符的公式:=COUNTIF(数据区,"??")

② 求包含两个字符并且第 2 个是 E 的公式:=COUNTIF(数据区,"?E")。

③ 求包含字母 E 的公式:=COUNTIF(数据区,"*E*")。

④ 求第 2 个字符是 E 的公式:=COUNTIF(数据区,"?E*")。

⑤ 求等于"你好"的公式:=COUNTIF(数据区,"你好")。

⑥ 求包含 D3 单元格的内容的公式：=COUNTIF(数据区,"*"&D3&"*")。
⑦ 求第 2 字符是 D3 单元格的内容的公式：=COUNTIF(数据区,"?"&D3&"*")。

说明：COUNTIF 函数对英文字母不区分大小写，通配符只对文本有效。

5. VLOOKUP 函数

VLOOKUP 函数用于在指定区域内查询指定内容对应的匹配区域内单元格的内容。

VLOOKUP 函数包括 4 个参数，分别是"待查找的值""查找的区域""返回数据在区域中的列序号""匹配方式"，其含义分别说明如下。

（1）"待查找的值"可以为数值、引用或文本字符串，表示需要在查找区域内查找的数值。

（2）"查找的区域"为工作表的单元格区域、使用区域地址、区域名称的引用。

（3）"返回数据在区域中的列序号"为正整数，即查找区域中待返回匹配值的列序号，注意是"查找区域"范围内的第几列，不在"查找区域"范围内的列不计。如果为 1 则返回查找区域第 1 列的数值，如果为 2 则返回查找区域第 2 列的数值，以此类推，如果为负数则返回错误值#VALUE!，如果超出了查找区域的列数，则返回错误值#REF!。

（4）"匹配方式"为 1 个逻辑值，指明函数查找是精确匹配，还是近似匹配。如果为 TRUE 或省略，则为近似匹配，返回近似匹配值，也就是说，如果找不到精确匹配值，则返回小于待查找值的最大数值；如果为 FALSE，则为精确匹配，返回精确匹配值，如果找不到则返回错误值#N/A。

例如，公式"VLOOKUP(H4,$A$2:$F$12,6, FALSE)"的含义为在单元区域"$A$2:$F$12"按列查找单元格 H4 对应的数值，如果在该单元区域中找到该值，则返回查找区域中对应行第 6 列对应单元格的数值，由于第 4 个参数为 FALSE，返回精确匹配值。

例如，公式"VLOOKUP(P3,个人所得税税率表.xls!金额,2,TRUE)"的含义为在工作簿文件"个人所得税税率表.xls"中命名区域"金额"按列查找单元格 P3 对应的数值，如果在命名的单元格区域中找到该值，则返回命名区域对应行第 2 列对应单元格的数值。由于第 4 个参数为 TRUE，即为近似匹配，如果找不到精确匹配值，返回小于单元格 P3 中数值的最大数值。

使用 VLOOKUP 函数在工作表中按列查找数据时，如果找不到数据，函数总会传回一个错误标识符#N/A。可以配合使用 ISERROR 函数和 IF 函数来进行相应处理，如果 VLOOKUP 函数找到数据，就传回相应的数据值，如果找不到的话，就自动设定其值为 0，可以改写成以下形式：IF(ISERROR(VLOOKUP(P3,个人所得税税率表.xlsx!金额,2,TRUE))=TRUE,0,VLOOKUP(P3,个人所得税税率表.xlsx!金额,2,TRUE))。函数 ISERROR(VALUE)用于判断括号中的值是否为错误值，如果是错误值，就等于 0，否则就等于 VLOOKUP 函数返回的值（即找到的相应的值）。

另外，还有两种情况会出现错误标识符#N/A。
① 数据存在空格，此时可以嵌套使用 Trim 函数将空格批量删除。
② 数据类型或格式不一致，此时将类型或格式转为一致即可。

6. DATEDIF 函数

DATEDIF(start_date,end_date,unit)函数用于返回两个日期之间相差的天数、月数或年数，包括 3 个参数，其中第 1 个参数 start_date 表示一段时间的起始日期，第 2 个参数 end_date 表示一段时间的终止日期，第 3 个参数可以为"y""m""d"，分别表示求年数、月数和天数。

7. OFFSET 函数

OFFSET(reference,rows,cols,height,width)通过给定偏移量得到新的引用，函数 OFFSET 实际上并不移动任何单元格或更改选定区域，它只是返回一个引用。函数 OFFSET 可用于任何需要将引用作为参数的函数。例如，公式 SUM(OFFSET(C2,1,2,3,1))将计算比单元格 C2 靠下 1 行并靠右 2 列的 3 行 1 列区域的总值。

参数 reference 作为偏移量参照系的引用区域，必须为对单元格或相连单元格区域的引用；否则，函数 OFFSET 返回错误值"#VALUE!"。

参数 rows 相对于偏移量参照系的左上角单元格，上（下）偏移的行数。例如使用 2 作为参数 rows，则说明目标引用区域的左上角单元格比 reference 低 2 行。行数可为正数（代表在起始引用的下方）或负数（代表在起始引用的上方）。

参数 cols 相对于偏移量参照系的左上角单元格，左（右）偏移的列数。例如，使用 3 作为参数 cols，则说明目标引用区域的左上角的单元格比 reference 靠右 3 列。列数可为正数（代表在起始引用的右边）或负数（代表在起始引用的左边）。

参数 height 高度，即所要返回的引用区域的行数，height 必须为正数，不可为负。

参数 width 宽度，即所要返回的引用区域的列数，width 必须为正数，不可为负。

函数 OFFSET 的参数 height 和 width 可以省略，如果省略 height 或 width，则假设其高度或宽度与 reference 相同。参数 rows 和 cols 也可以省略，相当于其值为 0，但省略时公式的","必须保留，否则公式会出错。

如果行数和列数偏移量超出工作表边缘，函数 OFFSET 返回错误值"#REF!"。

例如，以 F10 单元格为例。

取向下 1 个单元格的内容，那么公式为"=OFFSET(F10,1,)"，即得出 F11 单元格的内容。注意"1"后的","必须保留。

取向上 3 个单元格的内容，那么公式为"=OFFSET(F10,-3,)"，即得出 F7 单元格的内容，注意"-3"后的","必须保留。

取向左 4 个单元格的内容，那么公式为"=OFFSET(F10,,-4)"，即得出 B10 单元格的内容。

取向右 2 个单元格的内容，那么公式为"=OFFSET(F10,,2)"，即得出 H10 单元格的内容。

取公式所在单元格的内容，那么公式为"=OFFSET(F10,,)"，即偏移量为 0 时可以省略对应参数。

取向下两格，再向右三格的单元格内容，则公式为"=OFFSET(F10,2,3)"，即取 I12 单元格的内容。

最后两个参数必须是正数，如果其值为 1，则返回 1 个单元格的值，如果这两个参数会大于 1，则组成一个单元格区域，但要配合其他函数一起使用才会显示出来功能的强大。例如要对 C2 单元格向下 2 行，向右 3 列的 3 行 2 列的单元格区域的数值求和，则公式为"=SUM(OFFSET(C2,2,3,3,2))"。

8. CHOOSE 函数

CHOOSE(index_num,value1,[value2],...)函数用于从一组数据中选择特定一个数据并返回。

参数 index_num 是一个必要参数，为数值表达式或字段，其运算结果是一个数值，且界于 1 和 254 之间的数字，或者为公式，或者对包含 1 到 254 之间某个数字的单元格引用。如果 index_num 为 1，函数 CHOOSE 返回 value1；如果为 2，函数 CHOOSE 返回 value2，以此类推。如果 index_num 小于 1 或大于列表中最后一个值的序号,函数 CHOOSE 返回错误值 "#VALUE!"。如果 index_num 为小数,则在使用前将被截尾取整。

在参数列表中 value1 是必需的,value1 的后续值是可选的。这些值参数的个数介于 1 到 254 之间,函数 CHOOSE 基于 index_num 从这些值参数中选择一个数值或一项要执行的操作。这些参数可以为数字、单元格引用、已定义名称、公式、函数或文本。

函数 CHOOSE 的数值参数不仅可以为单个数值,也可以为区域引用。例如,公式 "=SUM(CHOOSE(2,A1:A10,B1:B10,C1: C10))" 相当于 "=SUM(B1:B10)",基于区域 B1:B10 中的数值返回值。函数 CHOOSE 先被计算,返回引用 B1:B10,然后函数 SUM 用 B1:B10 进行求和计算,即函数 CHOOSE 的结果是函数 SUM 的参数。

【分步训练】

【任务 6-1】 产品销售数据的处理与计算

【任务描述】

打开 Excel 工作簿 "产品销售情况表.xlsx",按照以下要求进行计算与统计。

(1)使用【开始】选项卡【编辑】组的【自动求和】功能按钮,计算产品销售总数量,将计算结果存放在单元格 E31 中。

(2)在"编辑栏"常用函数列表中选择所需的函数,计算产品销售总额,将计算结果存放在单元格 F31 中。

(3)使用【插入函数】对话框和【函数参数】对话框计算产品的最高价格和最低价格,计算结果分别存放在单元格 D33 和 D34 中。

(4)手工输入计算公式,计算产品平均销售额,计算结果存放在单元格 F35 中。

【任务实现】

1. 计算产品销售总数量

方法 1:将光标插入点定位在单元格 E31 中,在【开始】选项卡【编辑】组中单击【自动求和】按钮,此时自动选中 "E3:E30" 区域,且在单元格 E31 和编辑框中显示计算公式 "=SUM(E3:E30)",然后按【Enter】键或【Tab】键确认,也可以在【编辑栏】单击 ✓ 按钮确认,单元格 E31 将显示计算结果为 "2167"。

方法 2:先选定求和的单元格区域 "E3:E30",然后单击【自动求和】按钮,自动为单元格区域计算总和,计算结果显示在单元格 E31 中。

2. 计算产品销售总额

先选定计算单元格 F31,输入半角等号 "=",然后在"编辑栏"中"名称框"位置展开常用函数列表,在该函列表中单击选择 "SUM" 函数,打开【函数参数】对话框,在该对话框的 "Number1" 地址框中输入 "F3:F30",然后单击【确定】按钮即可完成计算,单元格 F31 显示计算结果为 "¥3,121,982.0"。

3. 计算产品的最高价格和最低价格

（1）先选定单元格 D33，输入等号"="，然后在常用函数列表单击选择函数"MAX"，打开【函数参数】对话框。在该对话框中单击"Number1"地址框右侧的"折叠"按钮，折叠【函数参数】对话框，且进入工作表中，按住鼠标左键拖动鼠标选择单元格区域"D3:D30"该计算范围四周会出现 1 个框，同时【函数参数】对话框如图 6-8 所示，显示工作表中选定的单元格区域。

图 6-8 【函数参数】对话框中显示选定单元格区域

再次单击折叠后的输入框右侧的"返回"按钮，返回如图 6-9 所示的【函数参数】对话框，然后单击【确定】按钮，完成公式输入和计算。

在单元格 D33 中显示计算结果为"¥6300.0"。

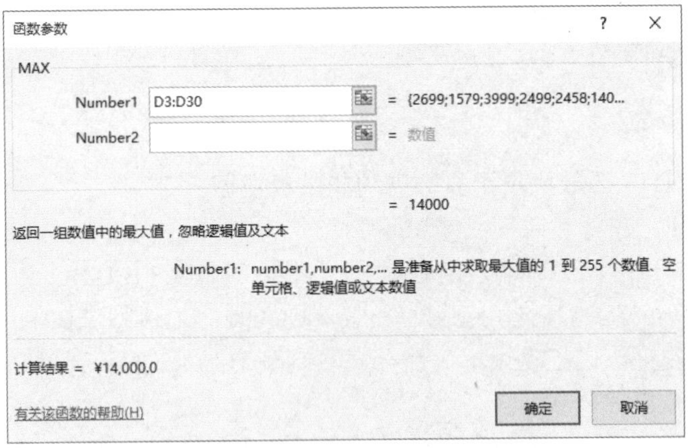

图 6-9 选定了单元格区域的【函数参数】对话框

（2）先选定单元格 D34，然后单击"编辑栏"中的【插入函数】按钮 fx，在打开的【插入函数】对话框中选择函数"MIN"，打开【函数参数】对话框。在该对话框的"Number1"地址框右侧的编辑框中直接输入计算范围"D3:D30"，也可以单击地址框右侧的"折叠"按钮在工作表中拖动鼠标选择单元格区域"D3:D30"，然后再单击【返回】按钮返回【函数参数】对话框，最后单击【确定】按钮，完成数据计算。

在单元格 D34 中显示计算结果为"¥389.0"。

4. 计算产品平均销售额

先选定单元格 F35，输入半角等号"="，然后输入公式"AVERAGE(F3:F30)"，在【编辑栏】单击✓按钮确认即可。单元格 F35 显示计算结果为"¥111499.4"。

【任务 6-2】 找出成绩表的重复数据并予以删除

【任务描述】

在 Excel 工作簿"学生信息.xlsx"的"信息管理 01 班"工作表中存放了信息管理 1 班

所有学生的基本信息,该班共有 38 名学生。Excel 工作簿"课程成绩.xlsx"的"办公软件高级应用"工作表中存放了信息管理 1 班学生"办公软件高级应用"课程的成绩,从该课程成绩表可以看出,成绩表包括了 41 名学生的成绩,显然多出了 3 名学生,这是由于成绩录入时重复录入所致。

(1) 分别使用以下方法找出成绩表中的重复数据
① 使用 COUNTIF 函数找出重复数据。
② 使用条件格式找出重复数据。
③ 使用数据透视表法找出重复数据。
(2) 分别使用以下方法找出成绩表中的非重复数据
① 使用高级筛选法筛选出非重复数据。
② 使用 COUNTIF 函数找出非重复数据。
(3) 分别使用以下方法删除成绩表中的重复数据
① 利用功能区的命令按钮删除重复数据。
② 利用排序方法删除重复数据。
③ 通过筛选删除重复数据。

【任务实现】

1. 使用 COUNTIF 函数找出重复数据和非重复数据

(1) 打开 Excel 工作簿"课程成绩.xlsx"。
(2) 选中 D2 单元格,然后输入函数公式:=COUNTIF(B:B,B2)。
(3) 选中 E2 单元格,然后输入函数公式:=COUNTIF(B$2:B2,B2)。
(4) 按住鼠标左键纵向拖动鼠标,将公式复制到 D3:E42 的所有单元格。
(5) 查看返回结果的公式。

在【公式】选项卡【公式审核】组单击【显示公式】按钮,切换到查看公式的状态,查看返回结果的公式。

将各单元格中的公式复制到"Sheet1"工作表中,删除"="后,再粘贴到"办公软件高级应用"工作表的 F 列和 G 列对应的单元格中,结果如图 6-10 所示。

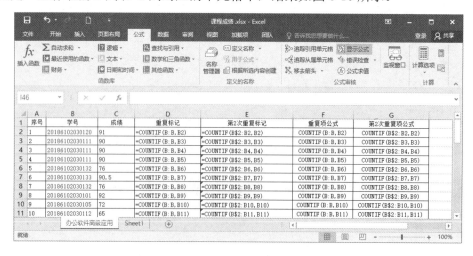

图 6-10 处于"显示公式"状态的工作表

说明： 按快捷键【Ctrl+(重音符)】，也可以在查看公式的计算结果和查看返回结果的公式之间切换。

在【公式】选项卡【公式审核】组再次单击【显示公式】按钮，恢复未选中状态，切换到查看结果值的状态，如图 6-11 所示。

图 6-11 使用 COUNTIF 函数识别重复数据

D 列表示每一个学号出现的次数，在 D 列中大于 1 的单元格所对应的学号即为重复学号。

E 列查找的是出现了 2 次及以上的重复数据，以 E5 对应的学号"20186102030111"为例，结果"3"表示从 B2 至 B5，"20186102030111"是第 3 次重复出现。因此，筛选出 E 列等于 1 的单元格即可找出数据表所有非重复数据。

2. 使用条件格式找出重复数据

（1）选中"学号"所有的数据，即选中"B2:B42"。

（2）在【开始】选项卡【样式】组单击【条件格式】按钮，在弹出的下拉菜单中指向【突出显示单元格规则】，在其子菜单中选择【重复值】命令，如图 6-12 所示。

图 6-12 在【突出显示单元格规则】的子菜单中选择【重复值】命令

（3）弹出【重复值】对话框，保持默认值不变，如图 6-13 所示。然后单击【确定】按钮，就可以将数据表的"学号"列中重复数据及所在单元格标为不同颜色，如图 6-14 所示。

	A	B	C
1	序号	学号	成绩
2	1	20186102030120	91
3	2	20186102030111	90
4	3	20186102030111	90
5	4	20186102030111	90
6	5	20186102030132	76
7	6	20186102030133	90.5
8	7	20186102030132	76
9	8	20186102030101	92
10	9	20186102030105	72
11	10	20186102030112	65

图 6-13 【重复值】对话框　　　图 6-14 将"学号"列中重复数据及所在单元格标为不同颜色

3. 使用数据透视表法找出重复数据

使用数据透视表能统计各数据出现的频次，出现 2 次及以上就说明该数据属于重复项；如果统计结果为 1，则说明该数据没有重复出现。

（1）在【插入】选项卡【表格】组单击【数据透视表】按钮，在弹出的【创建数据透视表】对话框中"请选择要分析的数据"区域选中"选择一个表或区域"单选按钮，在"表/区域"文本框中选择或输入数据源单元格范围为"办公软件高级应用!$A$1:$C$42"，然后在"选择放置数据透视表的位置"区域选择"新工作表"单选按钮，如图 6-15 所示。

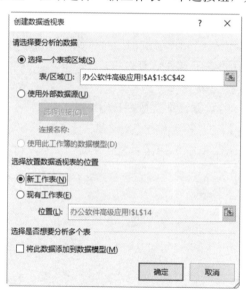

图 6-15 【创建数据透视表】对话框

单击【确定】按钮，关闭【创建数据透视表】对话框。

（2）在打开的【数据透视表字段】对话框中，将"学号"字段拖至"行"区域，再将"学号"拖至"值"区域。

在"值"区域单击"学号"项，在弹出的下拉菜单中单击【值字段设置】命令，在弹出的【值字段设置】对话框【值字段汇总方式】选项卡"计算类型"列表中选择"计数"，如图 6-16 所示，自定义名称为"计数项:学号"。

单击【确定】按钮关闭【值字段设置】对话框，返回【数据透视表字段】对话框，结果如图 6-17 所示。

图 6-16 【值字段设置】对话框

图 6-17 【数据透视表字段】对话框

数据透视表的部分数据如图 6-18 所示,由图可知学号 20186102030111 重复出现 3 次,学号 20186102030132 重复出现 2 次。

图 6-18 "办公软件高级应用"数据透视表的部分数据

4. 使用高级筛选法筛选出非重复数据

(1)选择存放筛选结果的工作表,即存放筛选结果的工作表应该是活动工作表。

注意:如果存放原始数据的工作表是活动工作表,则实施"高级筛选"时会出现"只能复制筛选过的数据到活动工作表"提示信息,无法实现高级筛选。

(2)在【数据】选项卡【排序与筛选】组中单击【高级】按钮,弹出【高级筛选】对话框,在该对话框中选择"将筛选结果复制到其他位置"单选按钮,在"列表区域"文本框中输入"办公软件高级应用!$B$1:$C$42",在"复制到"文本框中输入"Sheet1!$B$1","条件区域"文本框为空,然后选择"选择不重复的记录"复选框,如图 6-19 所示。单击【确定】按钮,在工作表 Sheet1 中出现了筛选

图 6-19 【高级筛选】对话框

结果,可以看出只有不重复的 38 个学生的成绩。其中学号"20186102030111"和"20186102030132"都只出现了 1 次,重复的数据没有出现。

5. 利用【删除重复项】数据工具删除重复数据

(1)选中"办公软件高级应用"工作表的"学号"单元格。

(2)在【数据】选项卡【数据工具】组中单击【删除重复项】按钮,在打开的【删除重

复项】对话框"列"区域,选择要删除重复项的列"学号",如图6-20所示。

单击【确定】按钮,关闭【删除重复项】对话框。

(3)弹出【Microsoft Excel】提示信息对话框,如图6-21所示,信息内容为"发现了3个重复值,已将其删除;保留了38个唯一值",单击【确定】按钮,完成删除重复值的操作。

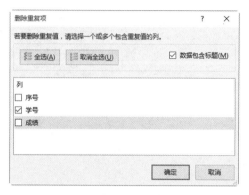

图6-20 【删除重复项】对话框　　　　图6-21 【Microsoft Excel】提示信息对话框

6. 利用排序方法删除重复数据

通过COUNTIF函数识别重复值的方法得到了"重复标记"和"第2次重复标记"2列数据,可以利用这2列数据删除重复数据。

(1)选中"办公软件高级应用"工作表的"重复标记"单元格。

(2)在【开始】选项卡【编辑】组单击【排序与筛选】按钮,在弹出的下拉菜单中选择【自定义排序】命令,如图6-22所示,打开【排序】对话框。

(3)在【排序】对话框设置主要关键字为"重复标记",排序依据设置为"数值",次序设置为"降序"。添加次关键字"第2次重复标记",排序依据设置为"数值",次序设置为"降序"。如图6-23所示。

图6-22 在下拉菜单中选择【自定义排序】命令

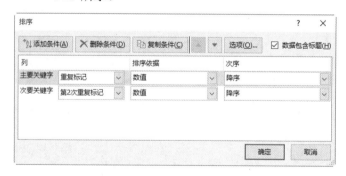

图6-23 【排序】对话框

单击【确定】按钮,关闭【排序】对话框,排序结果如图6-24所示。

可以看出,重复3次的数据排在最前面,删除前2项重复数据即可。重复了2次的数据排在重复3次的数据后面,删除前1项重复数据即可。删除3项重复数据后,剩下的38项数据为无重复数据。

7. 通过筛选删除重复数据

（1）选中"办公软件高级应用"工作表的"第 2 次重复标记"单元格。

（2）在【开始】选项卡【编辑】组中单击【排序与筛选】按钮，在弹出的下拉菜单中选择【筛选】命令，在各列的"标题"单元格中会出现"筛选"按钮。

（3）单击"第 2 次重复标记"单元格"筛选"按钮，在弹出的下拉菜单中去掉"1"的选中状态，如图 6-25 所示，即只保留"第 2 次重复标记"列中值为"2""3"的数据。

学号	成绩	重复标记	第2次重复标记
20186102030111	90	3	3
20186102030111	90	3	2
20186102030111	90	3	1
20186102030132	76	2	2
20186102030132	76	2	1
20186102030120	91	1	1

图 6-24　排序结果　　　　图 6-25　在"筛选"下拉菜单中去掉"1"的选中状态

筛选结果如图 6-26 所示，即有 3 项重复数据，删除这些重复数据即可。

学号	成绩	重复标记	第2次重复标记
20186102030111	90	3	3
20186102030111	90	3	2
20186102030132	76	2	2

图 6-26　筛选结果

【任务 6-3】 查找成绩表的缺失数据和错误数据

【任务描述】

在 Excel 工作簿"课程成绩.xlsx"的"成绩"工作表中，存放了"办公软件高级应用""数据库应用"2 门课程的成绩，从成绩工作表可以看出，缺少部分成绩数据，有的成绩数据大于 100 分。

（1）选中"成绩"工作表中成绩为空值的单元格，然后将空值全部替换为"0"。

（2）由于考试试卷的基本分为 100 分，加 10 分，总分为 110 分，但由于成绩管理系统中只允许输入 0～100，在"成绩"工作表找出大于 100 的成绩数据并突出标识，然后替换为 100。

（3）由于成绩数据只能为数字，不能为字母，在输入成绩数据时如果输入了字母“O”“1”，则为错误数据，在“成绩”工作表找出非数字的错误数据，如果是正确数字显示“正确”，否则显示“错误”。

【任务实现】

1. 查找缺失数据并进行替换操作

（1）在 Excel 工作簿“课程成绩.xlsx”的“成绩”工作表中选中一个单元格。

（2）在【开始】选项卡【编辑】组单击【查找和替换】按钮，在弹出的下拉菜单中选择【定位条件】命令，打开【定位条件】对话框，在该对话框中选择“空值”单选按钮，如图 6-27 所示，然后单击【确定】按钮，关闭该对话框，可以发现所有的空值都被一次性选中了，共有 4 个空值数据，如图 6-28 所示。

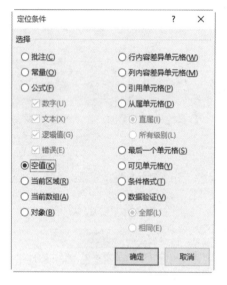

图 6-27 【定位条件】对话框

D	E
办公软件高级应用	数据库应用
92	95
90.5	
73.5	65
83.5	
	75
72	80
55	90
92.5	75
	85
67	60

图 6-28 一次性选中 4 个空值数据

（3）按住【Ctrl】键，再选择一个空白单元格，这里选择“F10”，然后松开【Ctrl】键，输入数据“0”，可以发现在单元格 F10 中出现了录入的“0”，接着按【Ctrl+Enter】快捷键，则所有选中的单元格都输入了“0”数据，如图 6-29 所示。

D	E	F
办公软件高级应用	数据库应用	
92	95	
90.5	0	
73.5	65	
83.5	0	
0	75	
72	80	
55	90	
92.5	75	
0	85	0

图 6-29 输入数据后按【Ctrl+Enter】快捷键

2. 查找错误数据并进行替换操作

（1）选中数据区域 D2:E39，在【开始】选项卡【样式】组单击【条件格式】，在弹出的下拉菜单中指向【突出显示单元格规则】选项，在其子菜单选择【大于】命令，如图 6-30 所示，打开【大于】对话框，在该对话框“值”文本框中输入“100”，如图 6-31 所示，然后单击【确定】按钮。

单元 6　Excel 处理与计算数据

图 6-30　在【条件格式】下拉菜单中选择【大于】命令

图 6-31　【大于】对话框

可以发现 D 列和 E 列数据中大于 100 的数据突出标记为红色，如图 6-32 所示。

（2）选中单元格 F2，输入公式"=IF(D2>100,100,D2)"，移动鼠标指针到单元格 F2 的填充柄处，鼠标呈黑十字形状 ✚，按住鼠标左键拖动填充柄到序列的末单元格 F39，松开鼠标左键。可以发现数据 103 已被替换为 100。

同样选中单元格 G2，输入公式"IF(E2>100,100,E2)"，然后按住鼠标左键拖动填充柄到序列的末单元格 G39，松开鼠标左键。可以发现数据 110 已被替换为 100。

图 6-32　大于 100 的数据突出标记

3. 查找成绩数据中包含非数字的数据

使用函数 ISNUMBER() 可以判断输入的成绩数据是否包含非数字的数据。

在单元格中输入公式 "=IF(ISNUMBER(D2),"正确","错误")" 和 "=IF(ISNUMBER(E2),"正确","错误")"，即可查找成绩数据中包含非数字的数据，对于数字数据显示"正确"，对于包含非数字的数据显示"错误"。可以发现 "10O" "9l" 两个数据包含了非数字 "O" 和 "l"。

【引导训练】

【任务 6-4】　员工基本信息的加工与处理

【任务描述】

在 Excel 工作簿"员工基本信息.xlsx"的"基本信息"工作表中存放了明德学院部分教师的基本信息。

我国第一代公民身份证号码只有 15 位，其中出生日期只有 6 位，年、月、日各两位，没有校验码。第二代公民身份证号年份由 2 位变为 4 位，末尾加了效验码，就成了 18 位。我国公民现有身份证号都已标准化，统一为 18 位。

第 1～6 位为地区代码，表示常住户口所在县（市、旗、区）的行政区划代码。前 2 位代表具体省（直辖市，自治区，特别行政区），代码如下：11～15（京津冀晋蒙）、21～23（辽吉黑）、31～37（沪苏浙皖闽赣鲁）、41～46（豫鄂湘粤桂琼）、50～54（渝川贵云藏）、61～65（陕甘青宁新）、81（港）、82（澳）。

第 3、4 位是城市代码，第 5、6 位是区、县代码。

第 7～10 位为出生年份（4 位），第 11、12 位为出生月份，第 13、14 位为出生日期。

第 15～17 位为顺序号，并能够判断性别，奇数为男，偶数为女。

18 位为校验码，校验码是由身份证号码编制单位按统一的公式计算出来的，如果某人的尾号是 0～9，都不会出现 X，但如果尾号是 10，那么就得用 X 来代替，因为如果用 10 做尾号，那么此人的身份证就变成了 19 位。X 是罗马数字的 10，用 X 来代替 10，可以保证公民的身份证符合国家标准。

（1）根据身份证号获取员工常住户口所在省或直辖市、自治区、特别行政区名称。

（2）使用 MID() 函数从身份证号中分别抽取出生年、月、日，然后使用 CONCATENATE() 函数将出生年、月、日合并为出生日期。

（3）使用 MID() 函数和连接符 "&" 从身份证号中提取出生日期。

（4）使用 TEXT() 函数、MID() 函数和连接符 "&" 从身份证号中提取出生日期。

（5）使用 Excel 的 "分列" 数据工具获取出生日期。

（6）计算年龄。

【任务实现】

1. 获取员工常住户口所在地区的代码和名称

打开 Excel 工作簿 "员工基本信息.xlsx"，在 "地区代码与名称" 工作表中存放了各地区的代码以及对应的名称。

在 "基本信息" 工作表的区域 E2:E39 中存放员工身份证号，地区代码存放在区域 H2:H39，地区名称存放在区域 I2:I39。选中单元格 E2，输入公式 "=LEFT(E2,2)"，按【Enter】键或【Tab】键确认即可，然后按住鼠标左键纵向拖动鼠标获取其他身份证号对应的地区代码。

选中单元格 I2，输入公式 "=VLOOKUP(LEFT(E2,2),地区代码与名称!$A$2:$B$34,2,FALSE)"，按【Enter】键或【Tab】键确认即可，然后按住鼠标左键纵向拖动鼠标获取其他身份证号对应的地区名称。

2. 使用 MID() 函数从身份证号中分别抽取出生年、月、日

MID() 函数从指定位置开始提取指定个数的字符（从左向右）。对一个身份证号码是否为 18 位进行判断，用逻辑判断函数 IF() 和字符个数计算函数 LEN() 辅助使用可以完成。

选中单元格 J2，输入公式 "=IF(LEN(E2)=18,MID(E2,7,4),"身份证号码有误")"，按【Enter】键或【Tab】键确认即可，然后按住鼠标左键纵向拖动鼠标获取其他身份证号对应的出生年份。

选中单元格 K2，输入公式 "=IF(LEN(E2)=18,MID(E2,11,2),"身份证号码有误")"，按【Enter】键或【Tab】键确认即可，然后按住鼠标左键纵向拖动鼠标获取其他身份证号对应的出生月份。

选中单元格 L2，输入公式"=IF(LEN(E2)=18,MID(E2,13,2),"身份证号码有误")"，【Enter】键或【Tab】键确认即可，然后按住鼠标左键纵向拖动鼠标获取其他身份证号对应的出生日。

3. 使用 CONCATENATE()函数将出生年、月、日合并为出生日期

选中单元格 M2，输入公式"=CONCATENATE(J2,"/",K2,"/",L2)"，按【Enter】键或【Tab】键确认即可，然后按住鼠标左键纵向拖动鼠标将其他的出生年、月、日合并为出生日期。

4. 使用 MID()函数和连接符"&"从身份证号中提取出生日期

选中单元格 N2，输入公式"=MID(E2,7,4)&"-"&MID(E2,11,2)&"-"&MID(E2,13,2)"，按【Enter】键或【Tab】键确认即可，然后按住鼠标左键纵向拖动鼠标从其他身份证号中提取出生日期。

5. 使用 TEXT()函数、MID()函数和连接符"&"从身份证号中提取出生日期

选中单元格 O2，输入公式："=TEXT(MID(E2,7,4)&"-"&MID(E2,11,2)&"-"&MID(E2,13,2),"YYYY-MM-DD")"，按【Enter】键或【Tab】键确认即可，然后按住鼠标左键纵向拖动鼠标从其他身份证号中提取出生日期。

6. 使用 Excel 的"分列"数据工具获取出生日期

（1）将"身份证号"一列数据全部复制到"出生日期 4"列的 P2:P39 区域，然后选中 P2:P39 区域中所有的身份证号。

（2）在【数据】选项卡【数据工具】组单击【分列】按钮，打开【文本分列向导】，在第 1 步中选择最合适的文件类型，这里选择"固定宽度"单选按钮，如图 6-33 所示。

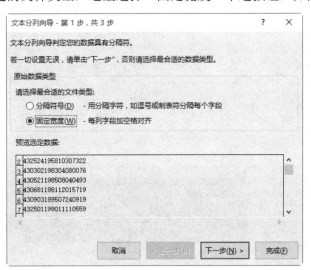

图 6-33　在【文本分列向导】第 1 步中选择"固定宽度"单选按钮

（3）单击【下一步】按钮，进入文本分列向导的第 2 步，单击鼠标左键在身份证号第 6 位与第 7 位之间，第 14 位与第 15 位之间建立分列线，如图 6-34 所示。

（4）单击【下一步】按钮，进入文本分列向导的第 3 步，分别选中左侧列数据和右侧列数据，然后在"列数据格式"区域选择"不导入此列（跳过）"单选按钮，如图 6-35 所示。

（5）选中中间的列数据，然后在"列数据格式"区域选择"日期"数据格式，其右侧列表框中选择"YMD"选项，即"年月日"格式，如图 6-36 所示。

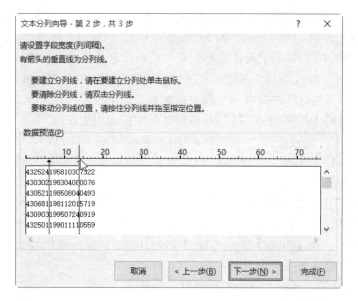

图 6-34　在【文本分列向导】第 2 步中单击鼠标左键建立分列线

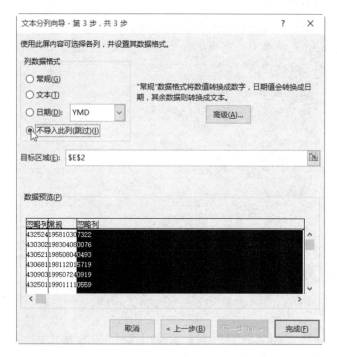

图 6-35　在【文本分列向导】第 3 步中确定不导入的数据列

最后单击【完成】按钮完成文本分列操作，选中对应的日期数据设置数据格式为"短日期"。

7．计算年龄

利用区域 M2:M39 存放的出生日期数据计算年龄。

（1）选中单元格 Q2，输入公式"=DATEDIF(M2,TODAY(),"Y")"，按【Enter】键或【Tab】键确认即可。然后按住鼠标左键纵向拖动鼠标计算其他员工的年龄。

单元 6　Excel 处理与计算数据

图 6-36　在【文本分列向导】第 3 步中确定导入的数据为日期格式

（2）选中单元格 R2，输入公式"=INT((TODAY()-M2)/365)"，按【Enter】键或【Tab】键确认即可，然后按住鼠标左键纵向拖动鼠标计算其他员工的年龄。

【任务 6-5】　工资计算与工资条制作

【任务描述】

在 Excel 工作簿"个人所得税税率表.xlsx"的"Sheet1"工作表中存放了工资、薪金所得适用的税率和速算扣除数，如图 6-37 所示。

	A	B	C	D	E
1	工资、薪金所得适用的税率表（起征金额：3500）				
2	级数	应纳税所得额（月）	比对金额	税率	速算扣除数
3	1	0～1500	0	3%	0
4	2	1500～4500	1500	10%	105
5	3	4500～9000	4500	20%	555
6	4	9000～35000	9000	25%	1005
7	5	35000～55000	35000	30%	2755
8	6	55000～80000	55000	35%	5505
9	7	超过80000	80000	45%	13505

图 6-37　工资、薪金所得适用的税率和速算扣除数

按照以下要求完成相应的操作：

（1）在 Excel 工作簿文件"个人所得税税率表.xlsx"的工作表"Sheet1"中，将单元格区域"C3:E9"命名为"金额"。

（2）在 Excel 工作簿文件"工资计算与工资条制作.xlsx"的工作表"工资表"中分别计算每位职工的基本工资合计、应发工资、应缴纳个人所得税的所得额、应缴纳的个人所得税、扣款合计和实发工资，其中基本工资合计、应发工资取整，其他列保留 1 位小数。

(3)在 Excel 工作簿文件"工资计算与工资条制作.xlsx"的"工资表"工作表中分别计算实发工资总额、最高实发工资、最低实发工资和平均实发工资。

(4)工资条的基本形式包括三个部分:标题行、工资数据、空白行。其中标题行是重复的,空白行方便裁剪。在 Excel 工作簿文件"工资计算与工资条制作.xlsx"的"工资条"工作表中快速填写工作条中各项数据。

【任务实现】

(1)打开 Excel 工作簿"个人所得税税率表.xlsx""工资计算与工资条制作.xlsx"。

(2)单元格区域命名。

在 Excel 工作簿"个人所得税税率表.xlsx"工作表"Sheet1"中选择单元格区域"C3:E9",在【公式】选项卡【定义的名称】组中单击【定义名称】按钮,打开【新建名称】对话框,在"名称"文本框中输入单元格区域名称"金额",如图 6-38 所示,然后单击【确定】按钮即可。

图 6-38 【新建名称】对话框

提示:【新建名称】对话框可以利用"折叠"按钮选择"引用位置",还可以删除或添加名称。

(3)选中单元格 G3,输入公式"=SUM(E3:F3)",按【Enter】键或【Tab】键确认即可,然后按住鼠标左键纵向拖动鼠标计算其他员工的基本工资合计。

(4)选中单元格 K3,输入公式"=SUM(G3:J3)",按【Enter】键或【Tab】键确认即可,然后按住鼠标左键纵向拖动鼠标计算其他员工的应发工资。

(5)选中单元格 P3,输入公式:"=ROUND(IF((K3-L3-M3-N3-O3)>3500,K3-L3-M3-N3-O3-3500,0),1)",按【Enter】键或【Tab】键确认即可,然后按住鼠标左键纵向拖动鼠标计算其他员工的应缴纳个人所得税的所得额。

(6)选中单元格 Q3,输入公式"=P3*VLOOKUP(P3,[个人所得税税率表.xlsx]Sheet1!金额,2,TRUE)-VLOOKUP(P3,[个人所得税税率表.xlsx]Sheet1!金额,3,TRUE)",按【Enter】键或【Tab】键确认即可,然后按住鼠标左键纵向拖动鼠标计算其他员工的个人所得税,设置数据类型为"数值"型,且保留 1 位小数。

(7)选中单元格 R3,输入公式"=ROUND(L3+M3+N3+O3+Q3,1)",按【Enter】键或【Tab】键确认即可,然后按住鼠标左键纵向拖动鼠标计算其他员工的扣款合计。

(8)选中单元格 S3,输入公式"=K3-R3",按【Enter】键或【Tab】键确认即可,然后按住鼠标左键纵向拖动鼠标计算其他员工的实发工资。

(9)选中单元格 E42,输入公式"=SUM(S3:S40)",按【Enter】键或【Tab】键确认即可计算出实发工资总额。

(10)选中单元格 E43,输入公式"=MAX(S3:S40)",按【Enter】键或【Tab】键确认即可计算出最高实发工资。

(11)选中单元格 E44,输入公式"=MIN(S3:S40)",按【Enter】键或【Tab】键确认即可计算出最低实发工资。

(12)选中单元格 E45,输入公式"=AVERAGE(S3:S40)",按【Enter】键或【Tab】键确认即可计算出平均实发工资。

（13）选中"工资条"工作表中 A1 单元格，输入公式"=CHOOSE(MOD(ROW(),5)+1,"",工资表!B$2,OFFSET(工资表!B$2,ROW()/5+1,),工资表!K$2,OFFSET(工资表!K$2,ROW()/5+1,))"，按【Enter】键或【Tab】键确认即可，在 A1 单元格中出现"年月"，然后按住鼠标左键横向拖动鼠标至 I1 单元格，再选中 A1:I1，按住鼠标左键纵向拖动鼠标至出现最后一位员工的工资数据即可。

在公式中巧妙地运用 MOD 函数和 ROW 函数产生一个循环序列，再通过 CHOOSE 函数参数的变化动态地引用工资表的明细数据，其中""的作用是当前行行号为 5 的倍数时返回空，从而产生一个空白行。

说明：这里单元格引用为"B$2""K$2"，即采用混合引用，列采用相对地址，行采用绝对地址，这样便于公式的复制和数据拖动填充。

【创意训练】

【任务 6-6】 企业部门人数统计

提示：请扫描二维码浏览任务描述和操作提示内容。

单元 7

Excel 统计与分析数据

Excel 提供了极强的数据排序、筛选以及分类汇总等功能，使用这些功能可以方便的统计与分析数据。排序是指按照一定的顺序重新排列工作表的数据，通过排序，可以根据其特定列的内容来重新排列工作表的行。排序并不改变行的内容，当两行中有完全相同的数据或内容时，Excel 会保持它们的原始顺序。筛选是查找和处理工作表数据子集的快捷方法，筛选结果仅显示满足条件的行，该条件由用户针对某列指定。筛选与排序不同，它并不重排工作表的行，而只是将不必显示的行暂时隐藏，可以使用"自动筛选"或"高级筛选"功能将那些符合条件的数据显示在工作表中。分类汇总是将工作表的某个关键字段进行分类，相同值的分为一类，然后对各类进行汇总。利用分类汇总功能可以对一项或多项指标进行汇总。

【在线学习】

7.1 数据的排序

数据的排序是指对选定单元格区域中的数据以升序或降序方式重新排列，便于浏览和分析。Excel 的排序方式有简单排序和多条件排序两种，通过在线学习熟悉 Excel 以下操作方法与相关知识。

（1）如何用 Excel 实现简单排序操作？

（2）如何用 Excel 实现多条件排序？具体操作步骤有哪些？

【方法指导】

7.2 常用统计分析函数的功能与格式

常用统计分析函数的功能与格式如表 7-1 所示。

单元 7　Excel 统计与分析数据

表 7-1　常用统计分析函数的功能与格式

函数名称	函数格式	函数功能
排位函数	RANK(number,ref,[order]) 第 1 个参数是要找到其排位的数字，第 2 个参数是要进行排序对比的数字区域，第 3 个参数是决定从大到小排出名次，还是从小到大排出名次，这个参数可以省略，当省略这个参数或者该参数为 0 时，表示从大到小排出名次，也就是第一名是最大值。当该参数不省略且不为 0 时，表示从小到大排出名次	RANK 函数对相同数值返回的排位值相同，为首次排位值。即对重复数的排位相同。因此，后续开发了两个函数 RANK.EQ 和 RANK.AVG。RANK.EQ 和原来的 RANK 函数功能完全一样，没有差异。但 RANK.AVG 对于多个具有相同排位的数值，则将返回平均排位，提高对重复值的排名精度
统计频数函数	FREQUENCY(data_array,bins_array) 第 1 个参数 data_array 表示要统计出现频率的数组或单元格区域，第 2 个参数 bins_array 表示用于对 data_array 的数值进行分组数值或单元格引用	用于统计各区间的频数，FREQUENCY 函数只统计数值（即数字、文本格式的数字及逻辑值）的出现频率，忽略空白单元格和文本
匹配查找函数	INDEX(array,row-num,column-num) 第 1 个参数 array 为返回值的单元格区域或数组，第 2 个参数 row-num 为返回值所在的行号，第 3 个参数 column-num 为返回值所在的列号 如果 INDEX 函数第 2 个或者第 3 个参数为 0，函数将分别返回整列或整行的数组值，利用这个特点，我们可以用一个函数获取对整行或者整列的值	INDEX 函数返回给定范围内行号和列号交叉处的单元格的元素值，所以 INDEX 可以用来根据行号和列号查找某个值。INDEX 函数还有一种形式是引用形式，引用形式返回指定行和列交叉处单元格的引用。如果此引用是由非连续选定区域组成的，则可以选择要用作查找范围的选定区域。INDEX 函数的行号和列号必须指向区域中的某个单元格，否则，INDEX 将返回错误值#REF
查找函数	MATCH(lookup_value, lookup_array, match_type) 第 1 个参数是查找的值，第 2 个参数是查找值所在的区域，第 3 个参数代表查找方式：0 代表精确查找，1 代表查找不到它的值则返回小于它的最大值，-1 代表查找不到它的值则返回大于它的最小值	MATCH 函数用于在指定区域内按指定方式查询与指定内容所匹配的单元格位置。使用 MATCH 函数时的指定区域必须是单行多列或者单列多行；查找的指定内容也必须在指定区域存在，否则会显示"#N/A"错误。指定内容为文本时，在内容中可以含有"*"或者"？"，"*"代表任何字符序列，"？"代表单个字符
判断是否为错误值#N/A 函数	ISNA(value) 参数 value 为待检测的内容	ISNA 函数用于判断值是否为错误值#N/A（即使值不存在），如果是，则返回 True；否则返回 False
判断是否为数值函数	ISNUMBER(value) 参数 value 为待检测的内容	ISNUMBER 函数用于检测参数是否为数值，如果检测内容是数值，返回 True；如果检测内容不是数值，则返回 False
统计参数列表中数字项的个数函数	COUNT(value1,value2,…) 参数 value1、value2 是包含或引用各种类型数据的参数（1～30 个），但只有数字类型的数据才被计数	函数 COUNT 在计数时，如果参数是一个数组或引用，那么只统计数组或引用数值型的数字，数组或引用的空单元格、逻辑值、文字或错误值都将忽略

续表

函数名称	函数格式	函数功能
统计非空值的单元格个数函数	COUNTA(value1,value2,…) 参数列表为所要计算的值，个数为 1 到 30 个。在这种情况下，参数值可以是任何类型，它们可以包括空字符("")，但不包括空白单元格。如果参数是数组或单元格引用，则数组或引用的空白单元格将被忽略	利用函数 COUNTA 可以计算单元格区域或数组中包含数据的单元格个数，即返回参数列表中非空值的单元格个数
统计指定单元格区域中空白单元格的个数函数	COUNTBLANK(range) 参数 range 为指定的单元格区域	用于计算指定单元格区域空白单元格的个数，即使单元格中含有返回值为空文本("")的公式，该单元格也会计算在内，但包含零值的单元格不计算在内

7.3 数据的筛选

如果用户需要浏览或者只是操作数据表中的部分数据，为了加快操作速度，可以把需要的记录筛选出来作为操作对象，将无关的记录隐藏起来，使之不参与操作。

Excel 提供了自动筛选和高级筛选两种命令。自动筛选可以满足大部分需求，然而当需要按更复杂的条件来筛选数据时，则需要使用高级筛选。

1．自动筛选

在待筛选数据区域中选定任意一个单元格，然后在【数据】选项卡【排序和筛选】组单击【筛选】按钮，该按钮呈现选中状态，Excel 便会在工作表中每个列的列标题右侧插入一个下拉箭头按钮，如图 7-1 所示。

图 7-1 在列标题"产品名称"右侧插入一个下拉箭头按钮

单击列标题"产品名称"右侧的下拉箭头按钮，会出现一个下拉菜单，如图 7-2 所示。在该下拉菜单中选择筛选项对应的复选框，将在工作表中只显示包含所选项的行。如果要再重新显示全部行，在列标题的下拉菜单选择"全选"复选框即可。

图 7-2 "筛选"的下拉菜单

如果筛选的条件有多个,如筛选价格在 500~1000 元(包含 1000 元,但不包含 500 元)之间的产品,可以在"筛选"的下拉菜单中指向【数字筛选】菜单项,在其级联菜单中选择【自定义筛选】命令,如图 7-3 所示。

图 7-3　在【数字筛选】的级联菜单中选择【自定义筛选】命令

在【自定义自动筛选方式】对话框中设置必要的筛选条件:"大于""500""与""小于或等于""1000",如图 7-4 所示。然后单击【确定】按钮即可,筛选结果如图 7-5 所示。

图 7-4　在【自定义自动筛选方式】对话框中设置价格筛选条件

序	产品名称	规格型号	单	价格	数量	销售额
13	内存	金士顿骇客神条FURY 16GB DDR4 2400	条	¥929.0	126	¥117,054.0
22	主板	技嘉GA-B150M-D3H(rev.1.0)	块	¥799.0	45	¥35,955.0
25	主板	七彩虹战斧C.AB350M-HD魔音版V14	块	¥599.0	74	¥44,326.0
28	主板	华硕H110M-K D3	块	¥549.0	26	¥14,274.0

图 7-5　筛选产品价格在 500~1000 元之间的结果

如果要显示所有被隐藏的行,在【数据】选项卡【排序和筛选】单击【清除】按钮即可。或者在下拉菜单中选择"全选"复选框,然后单击【确定】按钮即可。

如果要移去"自动筛选"下拉箭头▼,并全部显示所有的行,在【数据】选项卡【排序和筛选】组再一次单击处于选中状态的【筛选】按钮,使该按钮呈现非选中状态即可。

2. 高级筛选

对于查询条件较为复杂或必须经过计算才能进行查询，可以使用高级筛选方式，这种筛选方式需要定义3个单元格区域：定义查询的数据区域、定义查询的条件区域和定义存放筛选结果的区域，当这些区域都定义好以后便可以进行筛选。

如在"内存与硬盘销售情况表"中筛选出价格大于 900 元并且小于等于 2000 元，同时销售额在 20 000 元以上的内存与价格低于 500 元的硬盘。

（1）选择条件区域与设置筛选条件

选择工作表的空白区域作为条件区域，同时设置筛选条件。设置筛选条件如下：

① 筛选条件区域的列标题和条件应放在不同的单元格中。

② 筛选条件区域的列标题应与查询的数据区域的列标题完全一致，可以使用复制与粘贴方法设置。

③ "与"关系的条件必须出现在同一行，如"价格>900"和"价格<=2000"。

④ "或"关系的条件不能出现在同一行，如"价格>900"或"价格<500"。

（2）设置高级筛选

在【数据】选项卡【排序和筛选】组单击【高级】按钮，打开【高级筛选】对话框，在该对话框中进行以下设置。

① 设置"方式"，在"方式"区域指定筛选结果存放的位置，如选择"将筛选结果复制到其他位置"单选按钮。

② 设置"列表区域"，在"列表区域"编辑框中输入单元格区域地址或者利用"折叠"按钮在工作表中选择数据区域。

③ 设置"条件区域"，在"条件区域"编辑框中输入单元格区域地址或者利用"折叠"按钮在工作表中选择条件区域。

④ 设置"存放筛选结果的区域"，在"复制到"编辑框中输入单元格区域地址或者利用"折叠"按钮在工作表中选择存放筛选结果的区域。

如果选择"选择不重复的记录"复选框，那么筛选结果不会出现完全相同的两行数据。

【高级筛选】对话框设置完成如图 7-6 所示。

（3）执行高级筛选

在【高级筛选】对话框中单击【确定】按钮，执行高级筛选。

图 7-6 【高级筛选】对话框

提示：如果在【高级筛选】对话框的"方式"区域选择了"在原有区域显示筛选结果"单选按钮，那么高级筛选的结果会覆盖原有数据。

7.4 数据的分类汇总

对工作表中的数据按列值进行分类，并按类进行汇总（包括求和、求平均值、求最大值、求最小值等），可以提供清晰且有价值的报表。

在进行分类汇总之前，应对工作表中的数据进行排序将要分类字段相同的记录集中在一起，并且在工作表的第一行必须有列标记。

将光标置于待分类汇总数据区域的任意一个单元格中，在【数据】选项卡【分级显示】组中单击【分类汇总】按钮，打开【分类汇总】对话框。

在【分类汇总】对话框中进行相关设置。

（1）在“分类字段”下拉列表框中选择需要分类汇总的数据列，如选择“产品名称”。

（2）在“汇总方式”下拉列表框中选择用于计算分类汇总的函数，包括求和、计数、平均值、最大值、最小值、乘积、数值计数、标准偏差、总体标准偏差、方差、总体方差等多个选项，如选择“求和”。

（3）在“选定汇总项”下拉列表框中选择需要进行汇总计算的数值列所对应的复选框，可以选中 1 个或多个复选框，如选中“数量”“销售额”。

（4）在【分类汇总】对话框的底部有 3 个复选项，包括“替换当前分类汇总”“每组数据分页”“汇总结果显示在数据下方”，根据需要进行选择，也可以采用默认设置。

（5）单击【确定】按钮，完成分类汇总。

分类汇总完成后，Excel 会自动对工作表中的数据进行分级显示，在工作表窗口的左侧会出现分级显示区，列出一些分级显示符号，允许对分类后的数据显示进行控制。在默认情况下，数据按 3 级显示，可以通过单击工作表左侧的分级显示区顶端的1、2、3三个按钮进行分级显示切换。在图 7-7 中单击1按钮，工作表将只显示列标题和总计结果；单击2按钮，工作表将只显示列标题、各个分类汇总结果和总计结果；单击3按钮将会显示所有的详细数据。

分级显示区有+、-分级显示按钮。单击-按钮工作表的数据显示由低一级向高一级折叠，此时-按钮变成+按钮；单击+按钮工作表的数据显示由高一级向低一级展开，此时+按钮变成-按钮；“内存”详细数据被折叠的工作表如图 7-7 所示。

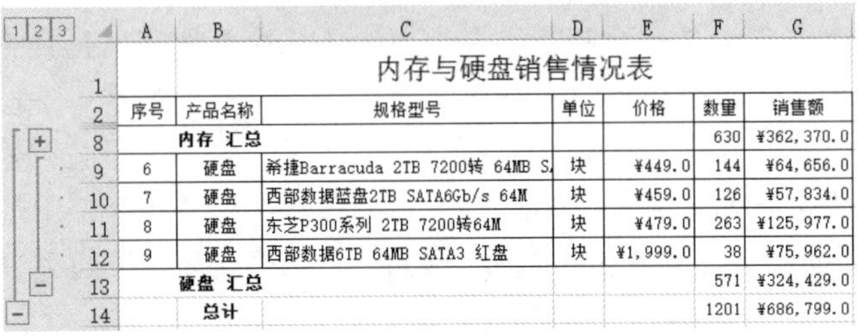

	A	B	C	D	E	F	G
1	内存与硬盘销售情况表						
2	序号	产品名称	规格型号	单位	价格	数量	销售额
8		内存 汇总				630	¥362,370.0
9	6	硬盘	希捷Barracuda 2TB 7200转 64MB S	块	¥449.0	144	¥64,656.0
10	7	硬盘	西部数据蓝盘2TB SATA6Gb/s 64M	块	¥459.0	126	¥57,834.0
11	8	硬盘	东芝P300系列 2TB 7200转64M	块	¥479.0	263	¥125,977.0
12	9	硬盘	西部数据6TB 64MB SATA3 红盘	块	¥1,999.0	38	¥75,962.0
13		硬盘 汇总				571	¥324,429.0
14		总计				1201	¥686,799.0

图 7-7 “内存”详细数据被折叠的工作表

当需要取消分类汇总恢复工作表原状时，在打开的【分类汇总】对话框中单击【全部删除】按钮即可。

7.5 数据透视表和数据透视图

数据透视表是最常用、功能最全的 Excel 数据分析工具之一，数据透视表有机地综合了数据排序、筛选、分类汇总等数据统计分析功能。

Excel 的数据透视表和数据透视图比普通的分类汇总功能更强，可以按多个字段进行分类，便于从多方向分析数据。如分析计算机公司的商品销售情况，可以按不同类型的商品进行分类汇总,也可以按不同的销售员进行分类汇总,还可以综合分析某一种商品不同销售员的销售业绩,或者同一位销售员销售不同类型商品的情况,前两种情况使用普通的分类汇总即可实现,后两种情况则需要使用数据透视表或数据透视图实现。

数据透视表是对 Excel 数据表中的各个字段进行快速分类汇总的一种分析工具,它是一种交互式报表。利用数据透视表可以方便地调整分类汇总的方式,灵活地以多种不同方式展示数据的特征。

一张数据透视表仅靠鼠标拖动字段位置,即可变换出各种类型的分析报表。用户只需指定所需分析的字段、数据透视表的组织形式,以及要计算类型(求和、计、求平均值)。如果原始数据发生更改,则可以刷新数据透视表更改汇总结果。

【分步训练】

【任务 7-1】 内存与硬盘销售数据的排序

【任务描述】

将 Excel 工作簿"内存与硬盘的销售情况表 1.xlsx"工作表 Sheet1 中的销售数据按"产品名称"升序和"销售额"的降序排列。

【任务实现】

(1)打开 Excel 工作簿"内存与硬盘的销售情况表 1.xlsx"。
(2)选中工作表 Sheet1 数据区域的任一个单元格。
(3)在【数据】选项卡【排序和筛选】组单击【排序】按钮,打开【排序】对话框。在该对话框中先选中"数据包含标题"复选框,然后在"主要关键字"下拉列表框中选择"产品名称",在"排序依据"下拉列表框中选择"数值",在"次序"下拉列表框中选择"升序"。

单击【添加条件】按钮,添加一个排序条件,在"次要关键字"下拉列表框中选择"销售额",在"排序依据"下拉列表框中选择"数值",在"次序"下拉列表框中选择"降序",如图 7-8 所示。

图 7-8 在【排序】对话框中设置主要关键字和次要关键字

在【排序】对话框中单击【确定】按钮,关闭该对话框。系统即可根据选定的排序范围按指定的关键字条件重新排列记录,如图 7-9 所示。

单元 7　Excel 统计与分析数据

	A	B	C	D	E	F	G
1	内存与硬盘销售情况表						
2	序号	产品名称	规格型号	单位	价格	数量	销售额
3	1	内存	金士顿骇客神条FURY 16GB DDR4 2400	条	¥929.0	126	¥117,054.0
4	2	内存	影驰GAMER 8GB DDR4 2400	条	¥399.0	243	¥96,957.0
5	4	内存	芝奇Ripjaws V 16GB DDR4 2800	条	¥499.0	187	¥93,313.0
6	5	内存	海盗船复仇者RGB 16GB DDR4 3000	条	¥1,399.0	26	¥36,374.0
7	3	内存	威刚XPG威龙 8GB DDR4 2400	条	¥389.0	48	¥18,672.0
8	8	硬盘	东芝P300系列 2TB 7200转64M	块	¥479.0	263	¥125,977.0
9	9	硬盘	西部数据6TB 64MB SATA3 红盘	块	¥1,999.0	38	¥75,962.0
10	6	硬盘	希捷Barracuda 2TB 7200转 64MB SATA3	块	¥449.0	144	¥64,656.0
11	7	硬盘	西部数据蓝盘2TB SATA6Gb/s 64M	块	¥459.0	126	¥57,834.0

图 7-9　内存与硬盘销售数据的排序结果

【任务 7-2】　内存与硬盘销售数据的筛选

【任务描述】

（1）打开 Excel 工作簿"内存与硬盘的销售情况表 2.xlsx"，在工作表 Sheet1 中筛选出价格在 300 元以上（不包含 300 元），500 元以内（包含 500 元）的内存。

（2）打开 Excel 工作簿"内存与硬盘的销售情况表 3.xlsx"，在工作表 Sheet1 中筛选出价格 300～500 元（不包含 300 元，但包含 500 元），同时销售额在 20000 元以上的内存与价格低于 500 元的硬盘。

【任务实现】

1. 内存与硬盘销售数据的自动筛选

（1）打开 Excel 工作簿"内存与硬盘的销售情况表 2.xlsx"。

（2）在要筛选数据区域 A2:G11 中选定任意一个单元格。

（3）在【数据】选项卡【排序和筛选】区域单击【筛选】按钮，该按钮呈现选中状态，在工作表中每个列的列标题右侧插入一个下拉箭头按钮 。

（4）单击列标题"价格"右侧的下拉箭头按钮 ，会出现一个"筛选"下拉菜单。在该下拉菜单中指向【数字筛选】，在其级联菜单中选择【自定义筛选】命令，如图 7-10 所示，打开【自定义自动筛选方式】对话框。

图 7-10　在【数字筛选】级联菜单中选择【自定义筛选】命令

（5）在【自定义自动筛选方式】对话框中，将条件 1 设置为"大于 300"，条件 2 设置为"小于或等于 500"，逻辑运算符选择"与"，如图 7-11 所示，然后单击【确定】按钮，筛选结果如图 7-12 所示。

图 7-11 【自定义自动筛选方式】对话框

图 7-12 自定义自动筛选方式的筛选结果

2. 内存与硬盘销售数据的高级筛选

（1）打开 Excel 工作簿"内存与硬盘的销售情况表 3.xlsx"。

（2）在待筛选数据区域 A2:G11 中选定任意一个单元格。

（3）在【数据】选项卡【排序和筛选】组单击【高级】按钮，打开【高级筛选】对话框，在该对话框中进行以下设置。

① 在"方式"区域选择"将筛选结果复制到其他位置"单选按钮。

② 在"列表区域"编辑框中利用"折叠"按钮在工作表中选择数据区域"$A$2:$G$11"。

③ 在"条件区域"编辑框中利用"折叠"按钮在工作表中选择条件区域"B$13:$G$15"。

④ 在"复制到"编辑框中利用"折叠"按钮在工作表中选择存放筛选结果的区域"$A$17:$G$25"。

图 7-13 【高级筛选】对话框的设置结果

⑤ 选择"选择不重复的记录"复选框。

【高级筛选】对话框设置完成如图 7-13 所示。

⑥ 执行高级筛选

在【高级筛选】对话框中单击【确定】按钮，执行高级筛选。高级筛选的结果如图 7-14 所示。

单元 7 Excel 统计与分析数据   117

	A	B	C	D	E	F	G
1			内存与硬盘销售情况表				
2	序号	产品名称	规格型号	单位	价格	数量	销售额
3	1	内存	金士顿骇客神条FURY 16GB DDR4 2400	条	¥929.0	126	¥117,054.0
4	2	内存	影驰GAMER 8GB DDR4 2400	条	¥399.0	243	¥96,957.0
5	3	内存	威刚XPG威龙 8GB DDR4 2400	条	¥389.0	48	¥18,672.0
6	4	内存	芝奇Ripjaws V 16GB DDR4 2800	条	¥499.0	187	¥93,313.0
7	5	内存	海盗船复仇者RGB 16GB DDR4 3000	条	¥1,399.0	26	¥36,374.0
8	6	硬盘	希捷Barracuda 2TB 7200转 64MB SATA3	块	¥449.0	144	¥64,656.0
9	7	硬盘	西部数据蓝盘2TB SATA6Gb/s 64M	块	¥459.0	126	¥57,834.0
10	8	硬盘	东芝P300系列 2TB 7200转64M	块	¥479.0	263	¥125,977.0
11	9	硬盘	西部数据6TB 64MB SATA3 红盘	块	¥1,999.0	38	¥75,962.0
12							
13		产品名称			价格	价格	销售额
14		内存			>300	<=500	>20000
15		硬盘			<500		
16							
17	序号	产品名称	规格型号	单位	价格	数量	销售额
18	2	内存	影驰GAMER 8GB DDR4 2400	条	¥399.0	243	¥96,957.0
19	4	内存	芝奇Ripjaws V 16GB DDR4 2800	条	¥499.0	187	¥93,313.0
20	6	硬盘	希捷Barracuda 2TB 7200转 64MB SATA3	块	¥449.0	144	¥64,656.0
21	7	硬盘	西部数据蓝盘2TB SATA6Gb/s 64M	块	¥459.0	126	¥57,834.0
22	8	硬盘	东芝P300系列 2TB 7200转64M	块	¥479.0	263	¥125,977.0
23							
24							
25							

图 7-14 高级筛选的结果

【任务 7-3】 内存与硬盘销售数据的分类汇总

【任务描述】

打开 Excel 工作簿"产品销售情况表.xlsx",在工作表 Sheet1 中按"产品名称"分类汇总"数量"的总数和"销售额"的总额。

【任务实现】

(1) 打开 Excel 工作簿"产品销售情况表.xlsx"。

(2) 对工作表中的数据按"产品名称"进行排序,将要分类字段"产品名称"相同的记录集中在一起。

(3) 将光标置于待分类汇总数据区域 A2:G30 的任意一个单元格中。

(4) 在【数据】选项卡【分级显示】组中单击【分类汇总】按钮,打开【分类汇总】对话框。

在【分类汇总】对话框中进行以下设置。

① 在"分类字段"下拉列表框中选择"产品名称"。

② 在"汇总方式"下拉列表框中选择"求和"。

③ 在"选定汇总项"下拉列表框中选择"数量""销售额"。

④【分类汇总】对话框底部的 3 个复选项都采用默认设置。

【分类汇总】对话框的各个选项设置完成如图 7-15 所示。

单击【确定】按钮,完成分类汇总。

单击工作表左侧的分级显示区顶端的 2 按钮,工作表将只

图 7-15 【分类汇总】对话框

显示列标题、各个分类汇总和总计结果，如图 7-16 所示。

	A	B	C	D	E	F	G
1	湖南蓝天电脑有限责任公司产品销售情况表							
2	序号	产品名称	规格型号	单位	价格	数量	销售额
15		CPU 汇总				533	¥1,606,216.0
21		内存 汇总				630	¥362,370.0
26		硬盘 汇总				571	¥324,429.0
34		主板 汇总				433	¥828,967.0
35		总计				2167	¥3,121,982.0

图 7-16 列标题、各个分类汇总和总计结果

【引导训练】

【任务 7-4】 对多个工作表的数据进行合并与计算

【任务描述】

本学期期末考试《办公软件高级应用》《数据库应用》两门课程都采用考教分离的方式，考试结束采用封闭阅卷方式进行阅卷与评分，评分结束后将所有参考学生成绩分别存入 Excel 工作簿"办公软件高级应用课程成绩.xlsx""数据库应用课程成绩.xlsx"，工作表包括序号、学号和成绩 3 列数据，并按成绩降序排列，即序号表示成绩排名顺序。

打开 Excel 工作簿"课程成绩汇总.xlsx"，在工作表"成绩汇总"中包括序号、学号、姓名、办公软件高级应用、数据库应用、平均成绩 6 列数据，序号为学号顺序。完成以下任务：

（1）使用 INDEX()函数将 Excel 工作簿"办公软件高级应用课程成绩.xlsx"中《办公软件高级应用》课程的成绩数据，合并到 Excel 工作簿"课程成绩汇总.xlsx"的"成绩汇总"工作表中 D 列与学号对应的单元格中。

（2）使用 VLOOKUP()函数将 Excel 工作簿"数据库应用课程成绩.xlsx"中《数据库应用》课程的成绩数据，合并到 Excel 工作簿"课程成绩汇总.xlsx"的"成绩汇总"工作表中 E 列与学号对应的单元格中。

（3）计算《办公软件高级应用》《数据库应用》两门课程的缺考人数。

（4）计算每个学生《办公软件高级应用》《数据库应用》两门课程的平均成绩，计算平均成绩时对于缺考的成绩按 0 分计算。

【任务实现】

分别打开 Excel 工作簿"课程成绩汇总.xlsx""办公软件高级应用课程成绩.xlsx""数据库应用课程成绩.xlsx"。

1. 合并《办公软件高级应用》课程的成绩

在 Excel 工作簿"课程成绩汇总.xlsx"的"成绩汇总"工作表中，选中单元格 D2，输入公式"=INDEX([办公软件高级应用课程成绩.xlsx]成绩!$C$2:$C$34,MATCH(B2,[办公软件高级应用课程成绩.xlsx]成绩!$B$2:$B$34,0))"，然后按【Enter】键或【Tab】键确认即可。

按住鼠标左键纵向拖动鼠标获取其他学生的《办公软件高级应用》课程的成绩。对于缺考的学生，由于 Excel 工作簿"办公软件高级应用课程成绩.xlsx"的"成绩"工作表中没有对应的成绩数值，所以数据合并后，在 Excel 工作簿"课程成绩汇总.xlsx"的"成绩汇总"工作表 D 列对应学号的单元格中会显示错误值"#N/A"。

2. 合并《数据库应用》课程的成绩

在 Excel 工作簿"课程成绩汇总.xlsx"的"成绩汇总"工作表中，选中单元格 E2，输入公式"=VLOOKUP(B2,[数据库应用课程成绩.xlsx]成绩!$B$1:$C$33,2,FALSE)"，然后按【Enter】键或【Tab】键确认即可。

按住鼠标左键纵向拖动鼠标获取其他学生的《数据库应用》课程成绩。对于缺考的学生，由于 Excel 工作簿"数据库应用课程成绩.xlsx"的"成绩"工作表中没有对应的成绩数值，所以数据合并后，在 Excel 工作簿"课程成绩汇总.xlsx"的"成绩汇总"工作表 E 列对应学号的单元格中会显示错误值"#N/A"。

3. 计算缺考人数

在 Excel 工作簿"课程成绩汇总.xlsx"的"成绩汇总"工作表中，选中单元格 D41，输入公式"=COUNTA(D2:D39)-COUNT(D2:D39)"，然后按【Enter】键或【Tab】键确认即可计算出《办公软件高级应用》课程的缺考人数。

按住鼠标左键横向拖动鼠标至单元格 E41 中，即可计算出《数据库应用》课程的缺考人数。

4. 计算平均成绩

在 Excel 工作簿"课程成绩汇总.xlsx"的"成绩汇总"工作表中，选中单元格 F2，输入公式"=(IF(ISNA(D2),0,D2)+IF(ISNA(E2),0,E2))/COUNTA(D2:E2)"，然后按【Enter】键或【Tab】键确认即可计算第一个学生的平均成绩。

按住鼠标左键纵向拖动鼠标计算其他学生的平均成绩。

成绩数据合并后，部分学生的课程成绩数据如图 7-17 所示。

	A	B	C	D	E	F
1	序号	学号	姓名	办公软件高级应用	数据库应用	平均成绩
2	1	20186102030101	夏纯	92	#N/A	46.0
3	2	20186102030102	谭智超	90.5	84	87.3
4	3	20186102030103	夏奥	#N/A	65	32.5
5	4	20186102030104	刘毅	#N/A	78	39.0
6	5	20186102030105	吴羽霄	80	78	79.0
7	6	20186102030106	欧阳俊	72	81	76.5
8	7	20186102030107	缪佳兴	55	90	72.5
9	8	20186102030108	赵子瑞	92.5	75	83.8
10	9	20186102030109	冯卓红	#N/A	85	42.5
11	10	20186102030110	朱哲宇	67	57	62.0

图 7-17 成绩数据合并后的课程成绩数据

【任务 7-5】 课程成绩数据的统计与分析

【任务描述】

在 Excel 工作簿"课程成绩.xlsx"的"成绩"工作表中存有"办公软件高级应用""数据库应用""军事理论"3 门课程的成绩。

（1）利用函数和公式计算各门课程的最高分、最低分和平均分。

（2）利用函数和公式计算每位学生 3 门课程的平均分。

（3）在不改变学生现有学号次序的前提下，按 3 门课程的平均分对全班学生进行排名，显示班级内名次。

（4）统计不同分数段（90~100 分、80~89 分、70~79 分、60~69 分、不及格）的人数及百分比。

（5）匹配查找指定姓名或学号对应课程的成绩、平均成绩、排名。

【任务实现】

打开 Excel 工作簿"课程成绩.xlsx"。

1. 计算各门课程的最高分、最低分和平均分

（1）选中单元格 D41，输入公式"=MAX(D2:D39)"，然后按【Enter】键或【Tab】键确认即可，按住鼠标左键横向拖动鼠标计算其他两门课程的最高分。

（2）选中单元格 D42，输入公式"=MIN(D2:D39)"，然后按【Enter】键或【Tab】键确认即可，按住鼠标左键横向拖动鼠标计算其他两门课程的最低分。

（3）选中单元格 D43，输入公式"=AVERAGE(D2:D39)"，然后按【Enter】键或【Tab】键确认即可，按住鼠标左键横向拖动鼠标计算其他两门课程的平均分。

2. 计算每位学生 3 门课程的平均分

选中单元格 G2，输入公式"=AVERAGE(D2:F2)"，然后按【Enter】键或【Tab】键确认即可，按住鼠标左键纵向拖动鼠标计算其他学生的平均分。

3. 计算每位学生 3 门课程的平均分

选中单元格 H2，输入公式"=RANK.EQ(G2,$G$2:$G$39,0)"，然后按【Enter】键或【Tab】键确认即可，按住鼠标左键纵向拖动鼠标计算其他学生的排名次序，并显示班内名次。

4. 计算各分数段的人数及百分比

（1）在"成绩"工作表的"成绩分析区"中先输入分段数据为 100、89、79、69、59，然后选中单元格 L3，输入公式"=FREQUENCY($G$2:$G$39,K3:K7)"，按【Enter】键或【Tab】键确认即可，然后按住鼠标左键纵向拖动鼠标计算其他分数段的学生人数。

（2）选中单元格 L8，输入公式"=SUM(L3:L7)"，然后按【Enter】键或【Tab】键确认即可，计算出总人数。

（3）选中单元格 M3，输入公式"=L3/$L$8"，然后按【Enter】键或【Tab】键确认即可，计算 90~100 分的人数百分比。然后按住鼠标左键纵向拖动鼠标计算其他分数段的百分比。计算结果如图 7-18 所示。

J	K	L	M
成绩分析区			
分数段	分段数值	人数	比例
90~100	100	4	10.53%
80~89	89	18	47.37%
70~79	79	12	31.58%
60~69	69	4	10.53%
不及格	59	0	0.00%
合计		38	100.00%

图 7-18 成绩分析区的计算结果

5. 匹配查找指定姓名或学号对应课程的成绩、平均成绩、排名

（1）准备姓名、课程名称、标题文本

在单元格 J11 中输入姓名"陈文"，在单元格 K10 中输入课程名称"办公软件高级应用"；在单元格 L10 中输入标题文本"平均成绩"；在单元格 M10 中输入标题文本"排名"。

（2）使用 match()函数确定指定姓名对应的行数

选中单元格 K15，输入公式"=MATCH(J11,C1:C39,0)"，然后按【Enter】键或【Tab】键确认即可，在公式中"J11"单元格存入指定的姓名"陈文"，C1:C40 为查找值所在的区域，即"姓名"列，MATCH()函数第 3 个参数"0"表示精确查找。单元格 K15 的结果为 18，即"陈文"位于查找区域的 18 行，第 1 行为标题行。

（3）使用 match()函数确定标题"办公软件高级应用""平均成绩""排名"对应的列数

选中单元格 K14，输入公式"=MATCH(K10,C1:H1,0)"，然后按【Enter】键或【Tab】键确认即可，在公式中"K10"单元格存入指定的标题"办公软件高级应用"，即课程名称，C1:H1 为查找值所在的区域，即部分"标题"行。单元格 K14 的结果为 2，即标题"办公软件高级应用"位于查找区域的第 2 列。

同样，选中单元格 L14，输入公式"=MATCH(L10,C1:H1,0)"，然后按【Enter】键或【Tab】键确认即可，单元格 L14 的结果为 5。选中单元格 M14，输入公式"=MATCH(M10,C1:H1,0)"，然后按【Enter】键或【Tab】键确认即可，单元格 M14 的结果为 6。

（4）嵌套使用 INDEX()函数和 MATCH()函数进行匹配查找

选中单元格 K11，输入公式"=INDEX(C1:H39,MATCH(J11,C1:C39,0),MATCH(K10,C1:H1,0))"，然后按【Enter】键或【Tab】键确认即可，公式中 C1:H39 为返回值的单元格区域，单元格 K11 的结果为 85.5，即陈文同学"办公软件高级应用"课程成绩为 85.5，经比对与原区域的值相同。

选中单元格 L11，输入公式"=INDEX(C1:H39,MATCH(J11,C1:C39,0),MATCH(L10,C1:H1,0))"，然后按【Enter】键或【Tab】键确认即可，单元格 L11 的结果为 92.2，这里设置数值的小数位为 1。选中单元格 M11，输入公式"=INDEX(C1:H39,MATCH(J11,C1:C39,0),MATCH(M10,C1:H1,0))"，然后按【Enter】键或【Tab】键确认即可，单元格 M11 的结果为 3。

嵌套使用 INDEX()函数和 MATCH()函数的匹配查找结果，如图 7-19 所示。

姓名	办公软件高级应用	平均成绩	排名
陈文	85.5	92.2	3

图 7-19 嵌套使用 INDEX()函数和 MATCH()函数的匹配查找结果

【任务 7-6】 内存与硬盘销售数据的统计与分析

【任务描述】

打开 Excel 工作簿"蓝天公司内存与硬盘销售统计表.xlsx"，创建数据透视表，将工作表 Sheet1 中销售数据按"业务员"将每种"产品"的销售额汇总求和，存入新建工作表 Sheet2 中。根据数据透视表分析以下问题：

（1）内存和硬盘的总销售额各是多少？
（2）在业务员中谁的业绩（销售额）最好？谁的业绩（销售额）最差？
（3）业务员赵毅的硬盘销售额为多少？

【任务实现】

1. 创建数据透视表

（1）打开 Excel 工作簿"蓝天公司内存与硬盘销售统计表.xlsx"。

（2）启动数据透视图表和数据透视图向导。

在【插入】选项卡【表格】组中单击【数据透视表】按钮，打开【创建数据透视表】对话框。

（3）在【创建数据透视表】对话框的"请选择要分析的数据"区域选择"选择一个表或区域"单选按钮，然后在"表/区域"编辑框中直接输入数据源区域的地址，或者单击"表/区域"编辑框右侧的【折叠】按钮，折叠该对话框，在工作表中拖动鼠标选择数据区域，如"A2:C12"，所选中区域的绝对地址值在折叠对话框的编辑框中显示，如图 7-20 所示。在折叠对话框中单击【返回】按钮，返回折叠之前的对话框。

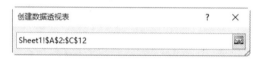

图 7-20　折叠对话框及选中区域的绝对地址

数据透视表的数据源可以选择一个区域，也可以选择多列数据，如果需要经常更新或添加数据，建议选择多列，当有新数据增加时，只要刷新数据透视表即可，不必重新选择数据源。

（4）在【创建数据透视表】对话框的"选择放置数据透视表的位置"区域选择"新工作表"单选按钮，如图 7-21 所示。

图 7-21　【创建数据透视表】对话框的初始状态

如果数据较少,这里也可以选择"现有工作表"单选按钮,然后在"位置"编辑框中输入放置数据透视表的区域地址。

(5)在【创建数据透视表】对话框中单击【确定】按钮,进入数据透视表设计环境,如图 7-22 所示。即在指定的工作表位置创建了一个空白的数据透视表框架,同时在其右侧显示一个"数据透视表字段"窗格。

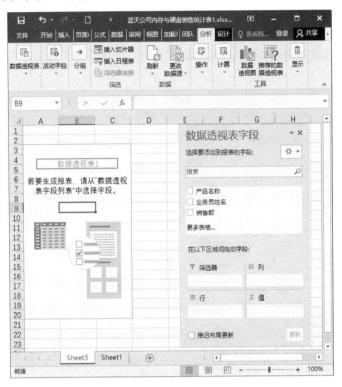

图 7-22　Excel 数据透视表的设计环境

(6)在【数据透视表字段】窗格中,从"选择要添加到报表字段"列表框中将"产品名称"字段拖动到"行"框中,将"业务员姓名"拖动到"列"框中,将"销售额"字段拖动到"值"框中。在数据透视表框架内拖动字段,与在【数据透视表字段】窗格内拖动字段,效果是一样的。数据透视表框架如图 7-23 所示。

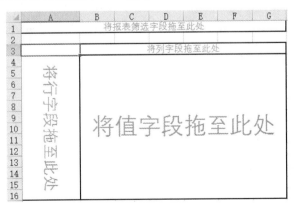

图 7-23　数据透视表框架

数据透视表框架的"将行字段拖至此处"与【数据透视表字段】窗格的"行"字段对应，将作为横向分类依据的字段。

数据透视表框架的"将列字段拖至此处"与【数据透视表字段】窗格的"列"字段对应，将作为纵向分类依据的字段。

数据透视表框架的"将值字段拖至此处"与【数据透视表字段】窗格的"值"字段对应，将作为统计汇总依据的字段。汇总的方式有求和、计数、平均值、最大值、最小值、标准偏差、方差等统计指标。

数据透视表框架的"将报表筛选字段拖至此处"与【数据透视表字段】窗格的"筛选"字段对应，将作为分类显示依据的字段。

（7）在"数值"框中单击"求和项"按钮，在弹出的下拉菜单中选择【值字段设置】命令，如图 7-24 所示。打开【值字段设置】对话框，在该对话框中选择"值字段汇总方式"列表框中的"求和"选项，如图 7-25 所示。

图 7-24　在"求和项"下拉菜单中
　　　　选择【值字段设置】命令

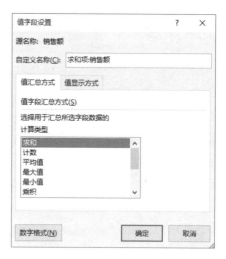

图 7-25　【值字段设置】对话框

单击【数字格式】按钮，打开【设置单元格格式】对话框，在该对话框左侧"分类"列表框中选择"数值"选项，"小数位数"设置为"1"，如图 7-26 所示，单击【确定】按钮返回【值字段设置】对话框。

在【值字段设置】对话框中单击【确定】按钮，完成数据透视表的创建。

（8）设置数据透视表的格式。将光标置于数据透视表区域的任意单元格，切换到【数据透视表工具—设计】选项卡，在"数据透视表样式"区域中单击选择一种合适的表格样式，如图 7-27 所示。

创建数据透视表的最终效果如图 7-28 所示。

由图 7-28 所示的数据透视表可知以下结果。

① 内存与硬盘的总销售额各是 36850 元、81200 元。

② 在业务员中肖海雪的业绩最好，销售额为 40400 元。赵毅的业绩最差，销售额为 16350 元。

③ 业务员赵毅的硬盘销售额为 8600 元。

单元 7　Excel 统计与分析数据　125

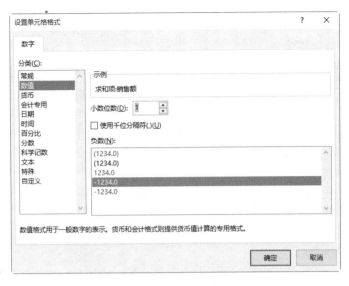

图 7-26　【设置单元格格式】对话框

图 7-27　在【数据透视表工具—设计】选项卡中选择一种数据透视表样式

图 7-28　数据透视表的效果

2. 编辑数据透视表

切换到【数据透视表工具—分析】选项卡，如图 7-29 所示，利用该选项卡中的命令可以对创建的"数据透视表"进行多项设置，也可以对"数据透视表"进行编辑修改。

数据透视表的编辑包括增加或删除数据字段、改变统计方式、改变透视表布局,大部分操作都可以借助【数据透视表工具】的【分析】选项卡中的命令按钮完成。

图 7-29 【数据透视表工具—选项】选项卡

(1) 增加或删除数据字段

在【数据透视表工具—分析】选项卡【显示】组单击【字段列表】按钮,显示【数据透视表字段】对话框,可以将所需字段拖动到相应区域。

(2) 改变统计方式

在【数据透视表工具—分析】选项卡【活动字段】组中单击【字段设置】按钮,打开【值字段设置】对话框,在该对话框中可以更改汇总方式。

(3) 改变透视表布局

在【数据透视表工具—分析】选项卡【数据透视表】组单击【选项】按钮,打开如图 7-30 所示的【数据透视表选项】对话框,在该对话框中更改相关设置即可。

图 7-30 【数据透视表选项】对话框

创建数据透视图的方法与创建数据透视表类似,由于教材篇幅的限制,这里不再赘述。

【创意训练】

【任务 7-7】 公司人员结构统计与分析

提示：请扫描二维码浏览任务描述和操作提示内容。

【任务 7-8】 人才需求量统计与分析

提示：请扫描二维码浏览任务描述和操作提示内容。

单元 8

Excel 展现与输出数据

Excel 提供的图表功能可以将系列数据以图表的方式表达出来，使数据更加清晰易懂，使数据表示的含义更加形象直观，并且用户可以通过图表直接了解数据之间的关系和变化趋势。

【在线学习】

8.1 Excel 图表的作用与类型选择

Excel 图表是以图形方式表示工作表中数据之间的关系和数据变化的趋势的。
通过在线学习熟悉 Excel 以下操作方法与相关知识。
（1）Excel 图表的作用有哪些？
（2）Excel 图表主要有哪些类型？
（3）如何根据需要选择合适的图表类型？

【方法指导】

8.2 Excel 图表的创建与编辑

建立基于工作表选定区域的图表时，Excel 使用工作表单元格中的数据，并将其当作数据点在图表上予以显示。数据点用条形、折线、柱形、饼图、散点及其他形状表示，这些形状称为数据标签。

图表数据源自工作表中的数据列，一般图表包含图例、坐标轴、数据标签、图标标题、坐标轴标题等图表元素。

建立图表后，可以通过增加、修改图表元素，如数据标签、图标标题、坐标轴标题等来美化图表及强调某些重要信息。大多数图表项是可以被移动或调整大小的，也可以用图案、颜色、对齐、字体及其他格式属性来设置这些图表项的格式。

在工作表中插入的图表也可以实现复制、移动和删除操作。

1. 图表的复制

可以采用复制与粘贴的方法复制图表,也可以按住【Ctrl】键用鼠标直接拖动。

2. 图表的移动

可以采用剪切与粘贴的方法复制图表,也可以将鼠标指针移至图表区域的边缘位置,然后按住鼠标左键拖动到新的位置即可。

3. 图表的删除

选中图表按【Delete】键即可删除。

8.3 Excel 工作表的页面设置与打印输出

1. 页面设置

在 Excel 工作表打印之前,可以对页面格式进行设置,包括"页面""页边距""页眉/页脚""工作表"等方面,这些设置都可以通过【页面设置】对话框完成。

在【页面布局】选项卡【页面设置】组单击右下角的【页面设置】按钮 ,则可打开【页面设置】对话框。

2. 打印预览

在 Excel 的功能区单击【文件】按钮,然后单击【打印】按钮,显示打印选项卡。在打印选项卡还可以进行打印输出的各项设置,设置完成后,单击【打印】按钮则可进行打印操作。

【分步训练】

【任务 8-1】 内存与硬盘销售情况展现与输出

【任务描述】

(1)打开 Excel 工作簿"内存与硬盘销售情况展现与输出.xlsx",在工作表"Sheet1"中创建图表,图表类型为"簇状柱形图",图表标题为"内存与硬盘第 1、2 季度销售情况",分类轴标题为"月份",数值轴标题为"销售额",且在图表中添加图例。图表创建完成对其格式进行设置,设置图表标题的字体为"宋体",大小为"12"。

(2)将图表类型更改为"带数据标记的折线图",并使用鼠标拖动方式调整图表大小和移动图表到合适的位置。

(3)对工作表进行页面设置。

(4)插入分页符,实现分页打印。

【任务实现】

1. 创建图表

(1)打开 Excel 工作簿"内存与硬盘销售情况展现与输出.xlsx"。

(2)选定需要建立图表的单元格区域 A2:G4,如图 8-1 所示,图表的数据源自于选定的单元格区域中的数据。

	A	B	C	D	E	F	G
1	内存与硬盘第1、2季度销售情况表							
2	产品名称	1月	2月	3月	4月	5月	6月
3	内存	¥102,240.0	¥100,600.0	¥123,400.0	¥145,600.0	¥168,000.0	¥185,600.0
4	硬盘	¥376,210.0	¥300,400.0	¥385,400.0	¥398,600.0	¥420,650.0	¥526,700.0

图 8-1　选中创建图表的数据区域 A2:G4

（3）在【插入】选项卡【图表】组中单击【插入柱形图或条形图】按钮，在弹出的下拉列表中选择"簇状柱形图"，如图 8-2 所示。

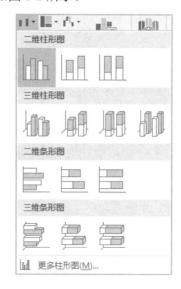

图 8-2　在【柱形图】下拉列表中选择"簇状柱形图"

创建的图表如图 8-3 所示。

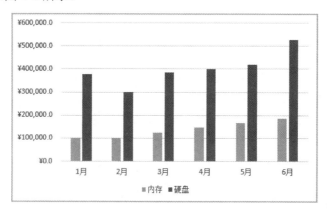

图 8-3　创建的簇状柱形图

2. 添加图表的坐标轴标题

（1）单击激活要添加标题的图表，这里选择图 8-2 创建的"簇状柱形图"。

（2）单击图表右上角的【图表元素】按钮，在弹出的下拉菜单中选择【坐标轴标题】复选框,如图 8-4 所示。

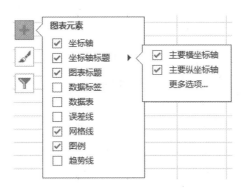

图 8-4　在【图表元素】下拉菜单中选择【坐标轴标题】复选框

(3) 在横向"坐标轴标题"文本框中输入"月份",在纵向"坐标轴标题"文本框中输入"销售额"。

(4) 设置坐标轴标题的字体为"宋体",大小为"10"。

3. 添加图表标题

(1) 单击激活要添加坐标轴标题的图表,这里选择图 8-2 创建的"簇状柱形图"。

(2) 单击图表右上角的【图表元素】按钮,在弹出的下拉菜单中选择【图表标题】复选框,在其级联菜单中选择【图表上方】选项,如图 8-5 所示。

图 8-5　在【图表元素】下拉菜单中选择【图表标题】复选框

(3) 在图表区域"图表标题"文本框中输入合适的图表标题"内存与硬盘第 1、2 季度销售情况"。

(4) 设置图表标题的字体为"宋体",大小为"12"。

4. 设置图表的图例位置

(1) 单击激活要添加坐标轴标题的图表,这里选择图 8-2 创建的"簇状柱形图"。

(2) 单击图表右上角的【图表元素】按钮,在弹出的下拉菜单中选择【图例】复选框,在其级联菜单中选择【右】选项,如图 8-6 所示。

添加了坐标轴标题、图表标题的"簇状柱形图",如图 8-7 所示。

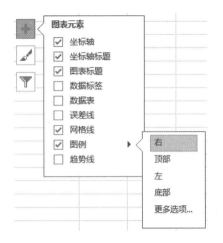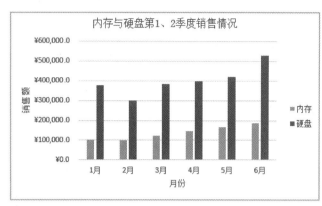

图 8-6　设置图表的图例位置　　　　　　图 8-7　添加了标题的簇状柱形图

5. 更改图表类型

（1）单击激活要更改类型的图表，这里选择图 8-2 创建的"簇状柱形图"。

（2）在【图表工具－设计】选项卡【类型】组单击【更改图表类型】按钮，打开【更改图表类型】对话框。

（3）在【更改图表类型】对话框中选择一种合适的图表类型，这里选择"带数据标记的折线图"，如图 8-8 所示。

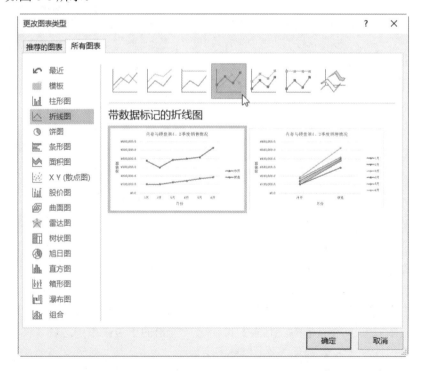

图 8-8　在【更改图表类型】对话框中选择"带数据标记的折线图"

单击【确定】按钮，完成图表类型的更改，"带数据标记的折线图"如图 8-9 所示。

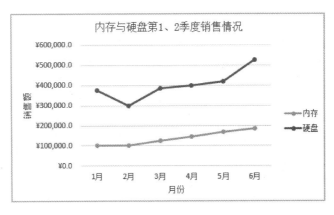

图 8-9 带数据标记的折线图

6. 缩放与移动图表

（1）单击激活图表，这里选择图 8-8 创建的图表。

（2）将鼠标指针移至右下角的控制点，当鼠标指针变成斜向双箭头时，拖动鼠标调整图表大小，直到满意为止。

（3）将鼠标指针移至图表区域的边缘位置，按鼠标左键将图表移动到合适的位置。

7. 设置页面的方向、缩放、纸张大小、打印质量和起始页码

在【页面设置】对话框【页面】选项卡中可以设置方向（纵向或横向）、缩放、纸张大小、打印质量和起始页码。在"缩放"栏中选择"缩放比例"，可以设置缩小或者放大打印的比例；选择"调整为"可以按指定的页数打印工作表，"页宽"为表格横向分隔的页数，"页高"为表格纵向分隔的页数。如果要在一张纸上打印大于一张的内容时，应设置 1 页宽和 1 页高。"打印质量"是指打印时所用的分辨率，分辨率以每英寸打印的点数为单位，点数越大，表示打印质量越好。

这里"方向"选择"纵向"，其他都采用默认设置值，如图 8-10 所示。

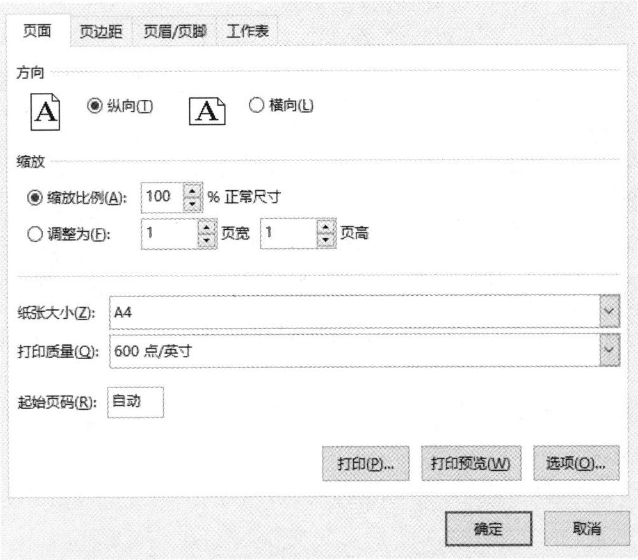

图 8-10 【页面设置】对话框中的【页面】选项卡

8. 设置页边距

在【页面设置】对话框中切换到【页边距】选项卡，然后设置上、下、左、右边距以及页眉和页脚边距，还可以设置居中方式。这里左、右页边距设置为"1.5"，其他都采用默认设置值，如图8-11所示。

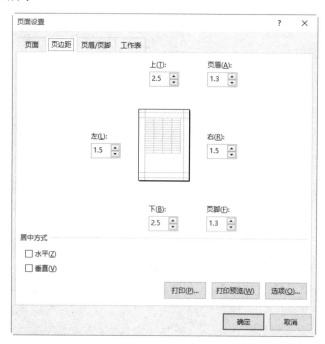

图 8-11 【页面设置】对话框中的【页边距】选项卡

9. 设置页眉和页脚

在【页面设置】对话框中切换到【页眉/页脚】选项卡，在"页眉""页脚"下拉列表框中选择合适的页眉或页脚。也可以自行定义页眉或页脚，操作方法如下：

（1）在【页眉/页脚】选项卡中单击【自定义页眉】按钮，打开【页眉】对话框，将光标插入定位在"左""中""右"编辑框中，然后单击对话框中相应的按钮，按钮包括【文本格式】【加入页码】【加入日期】【加入时间】【加入文件路径】【加入文件名或标签名】【插入图片】等。如果要在页眉中添加其他文字，在编辑框中输入相应文字即可，如果要在某一位置换行，按回车键即可。

这里在"中"编辑框输入了"内存与硬盘第1、2季度销售情况表"，如图8-12所示。设置完成后单击【确定】按钮返回【页面设置】对话框的"页眉/页脚"选项卡。

（2）在【页眉/页脚】选项卡中单击【自定义页脚】按钮，打开【页脚】对话框，将光标插入定位在"左""中""右"编辑框中，然后单击对话框中相应的按钮。如果要在页脚中添加其他文字，在编辑框中输入相应文字即可，如果要在某一位置换行，按回车键即可。

这里在"右"编辑框输入了"第页 共页"，将光标插入点置于"第"与"页"之间，单击 按钮，插入页码（&[页码]）；将光标插入点置于"共"与"页"之间，单击 按钮，插入总页数（&[总页数]），如图8-13所示。设置完成后单击【确定】按钮返回【页面设置】对话框的"页眉/页脚"选项卡，如图8-14所示。

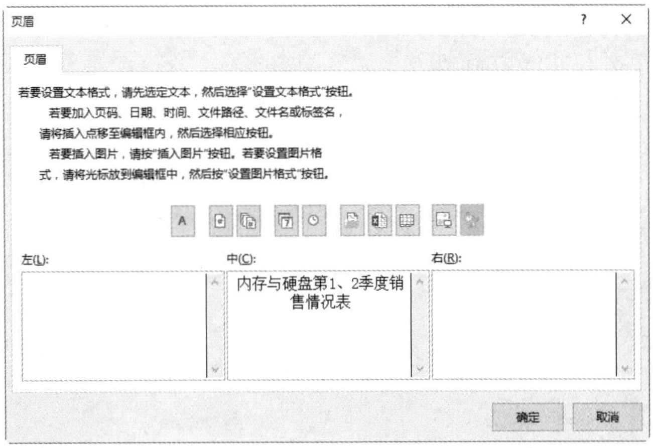

图 8-12 【页眉】对话框

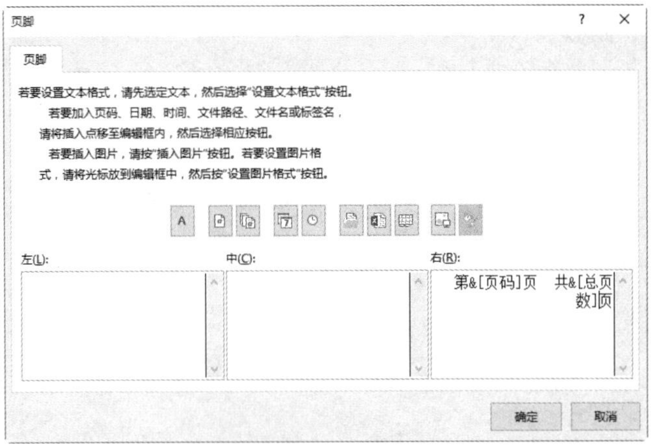

图 8-13 【页脚】对话框

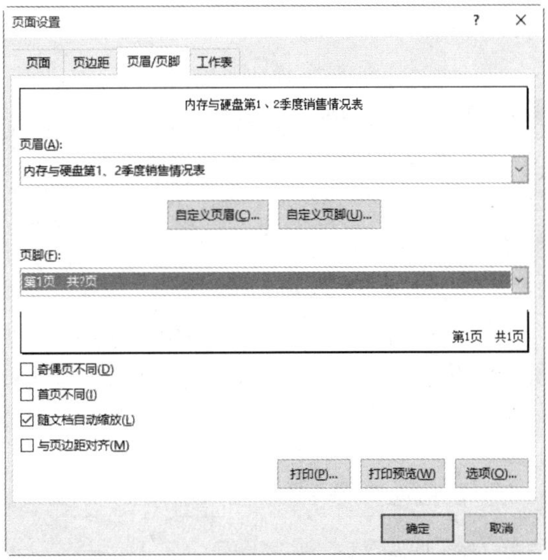

图 8-14 【页面设置】对话框中的【页眉/页脚】选项卡

10. 设置工作表

在【页面设置】对话框中切换到【工作表】选项卡，如图 8-15 所示，在该选项卡进行以下设置：

图 8-15 【页面设置】对话框中的【工作表】选项卡

（1）定义打印区域

根据需要在"打印区域"编辑框中设置打印的范围，如不设置，系统默认打印工作表中的全部数据。

（2）定义打印标题

如果在工作表中包含行列标志，可以使其出现在每页打印输出的工作表中。在"顶端标题行"编辑框中指定顶端标题行所在的单元格区域，在"左端标题列"编辑框中指定左端标题列所在的单元格区域。

（3）指定打印项目

选择是否打印"网络线""行号列标"，是否为"单色打印"，是否为"按草稿品质"打印（不打印框线和图表）。

（4）设置打印顺序

选择"先列后行"或者"先行后列"的打印顺序。

（5）打印单元格批注

如果单元格中含有批注，也可将其打印出来。可以将批注按照在工作表中插入的位置打印，也可在工作表底部以数据清单的形式打印。在"批注"下拉列表框中可以选择批注的打印方式。

（6）打印错误单元格

在"工作表"选项卡中可以设置出现错误单元格的打印效果，可以在下拉列表框的选项"显示值""空白""- -""#N/A"中选择一种。

设置完成后单击【确定】按钮关闭【页面设置】对话框即可。

11. 分页打印

单击新起页第 1 行对应的行号,在【页面布局】选项卡【页面设置】组单击【分隔符】按钮,在弹出的下拉菜单中选择【插入分页符】命令,如图 8-16 所示,即可插入分页符。其他需要分页的位置可按此方法插入分页符。

图 8-16 在下拉菜单中选择【插入分页符】命令

在【文件】菜单中切换到【打印】选项卡,单击【打印】按钮,即可开始分页打印。

【引导训练】

【任务 8-2】 人才需求情况展现与输出

【任务描述】

打开 Excel 工作簿"人才需求情况展现与输出.xlsx",完成以下任务:

(1)在工作表"Sheet1"中利用单元格区域"C2:L2""C9:L9"的数据绘制图表,图表标题为"主要城市人才需求量调查统计",图表类型为"三维簇状柱形图",分类轴标题为"城市",数据轴标题为"需求数量",设置坐标轴标题的字体为"宋体",大小为"12"。

(2)在工作表"Sheet1"中利用单元格区域"B3:B8""M3:M8"的数据绘制图表,图表标题为"职位人才需求量调查统计",图表类型为"三维饼图",图表样式选择"样式 3",显示数据标签,图例位于右侧。

(3)设置合适的页边距,然后预览数据表"Sheet1"。

【任务实现】

1. 创建主要城市人才需求量调查统计图表

(1)创建图表

打开 Excel 工作簿"人才需求情况展现与输出.xlsx"。在"Sheet1"工作表中选定需要建立图表的单元格区域"C2:L2""C9:L9",如图 8-17 所示,图表的数据源自该选定单元格区域中的数据。

在【插入】选项卡【图表】组单击【插入柱形图或条形图】按钮,在弹出的下拉列表中选择"三维簇状柱形图"。

(2)添加图表的坐标轴标题

单击"三维簇状柱形图",单击图表右上角的【图表元素】按钮,在弹出的下拉菜单中选择【坐标轴标题】复选框,如图 8-18 所示。

	北京	成都	大连	广州	杭州	上海	深圳	天津	西安	长沙
	31 860	2797	1842	4329	3595	13757	5349	1714	2126	966
	2364	236	100	344	318	994	679	188	220	101
	11 230	1537	720	2766	1673	5775	2493	1311	1386	709
	15 159	1945	892	3526	1975	8444	2953	2201	1631	983
	7486	467	258	1043	758	2645	906	476	397	186
	14 791	976	453	2226	1778	4727	1818	810	861	416
	82 890	7958	4265	14 234	10 097	36 342	14 198	6700	6621	3361

图 8-17　在"Sheet1"工作表中选单元格区域"C2:L2""C9:L9"

在横向"坐标轴标题"文本框中输入"城市",在纵向"坐标轴标题"文本框中输入"需求数量"。设置坐标轴标题的字体为"宋体",大小为"10"。

(3) 修改图表标题

单击"三维簇状柱形图",在图表区域"图表标题"文本框中输入"主要城市人才需求量调查统计"。设置图表标题的字体为"宋体",大小为"12"。

(4) 添加图表的数据标签

单击"三维簇状柱形图",单击图表右上角的【图表元素】按钮,在弹出的下拉菜单中选择【坐标轴标题】复选框。

添加了坐标轴标题、数据标签的"三维簇状柱形图",如图 8-19 所示。

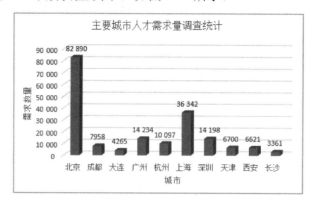

图 8-18　选择【数据标签】复选框　　图 8-19　添加坐标轴标题和数据标签的"三维簇状柱形图"

2. 创建职位人才需求量调查统计图表

(1) 创建图表

打开 Excel 工作簿"人才需求情况展现与输出.xlsx",在"Sheet1"工作表中选定需要建立图表的单元格区域"B3:B8""M3:M8",如图 8-20 所示,图表的数据源自该选定的单元格区域中的数据。

计算机软件与系统集成	31 860	2797	1842	4329	3595	13 757	5349	1714	2126	966	68 335
计算机硬件与设备维护	2364	236	100	344	318	994	679	188	220	101	5544
美术设计与创意	11 230	1537	720	2766	1673	5775	2493	1311	1386	709	29 600
售前售后支持与客户服务	15 159	1945	892	3526	1975	8444	2953	2201	1631	983	39 709
网络管理与信息安全	7486	467	258	1043	758	2645	906	476	397	186	14 622
网站开发、维护与运营管理	14 791	976	453	2226	1778	4727	1818	810	861	416	28 856

图 8-20　在"Sheet1"工作表中选单元格区域"B3:B8""M3:M8"

在【插入】选项卡【图表】组单击【插入饼图或圆环图】按钮,在弹出的下拉列表中选择"三维饼图"。

(2)修改图表标题

单击"三维饼图",在图表区域"图表标题"文本框中输入图表标题"职位人才需求量调查统计"。设置图表标题的字体为"宋体",大小为"12"。

"职位人才需求量"三维饼图的初始状态如图 8-21 所示。

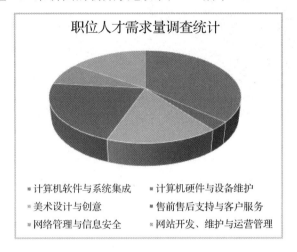

图 8-21 "职位人才需求量"三维饼图的初始状态

(3)修改图表样式

单击"三维饼图",在【图表工具—设计】选项卡【图表样式】组的"图表样式"列表框中单击选择"样式 3",如图 8-22 所示。

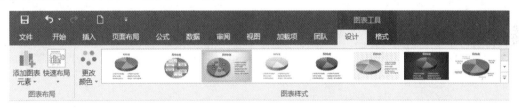

图 8-22 在"图表样式"列表框中单击选择"样式 3"

(4)修改图表的数据标签位置

单击"三维饼图",单击图表右上角的【图表元素】按钮,在弹出的下拉菜单中单击【数据标签】复选框右侧的按钮▶,在级联菜单中单击【数据标签外】选项,如图 8-23 所示。

图 8-23 在【数据标签】的级联菜单中单击【数据标签外】选项

图表样式 3 对应的"三维饼图"外观如图 8-24 所示。

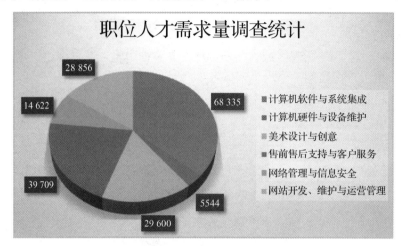

图 8-24　图表样式 3 对应的"三维饼图"外观

3. 设置合适的页边距和打印预览

（1）设置合适的页边距

在【页面布局】选项卡【页面设置】组单击右下角的【页面设置】按钮，打开【页面设置】对话框。在【页面设置】对话框中切换到【页边距】选项卡，然后设置上、下、左、右边距以及页眉和页脚边距，还可以设置居中方式，如图 8-25 所示。

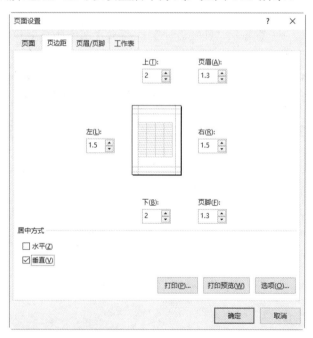

图 8-25　在【页面设置】对话框中的【页边距】选项卡中设置页边距

设置完成后单击【确定】按钮关闭【页面设置】对话框即可。

（2）打印预览

在 Excel 的功能区单击【文件】按钮，然后单击【打印】按钮，显示打印选项卡，"人才需求量调查统计表"的打印预览效果，如图 8-26 所示。

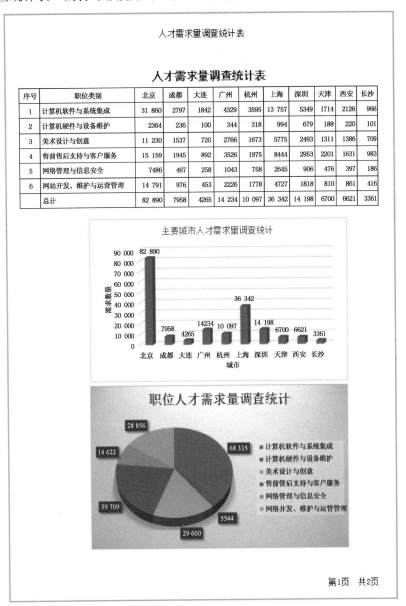

图 8-26 "人才需求量调查统计表"的打印预览效果

 【创意训练】

【任务 8-3】 班级人员结构展现与输出

提示：请扫描二维码浏览任务描述和操作提示内容。

单元 9

设计与制作
文件解读PPT

PowerPoint 2016 是一款功能强大、操作方便的演示文稿制作软件，能够把所要表达的信息组织在一组图文并茂的画面中。演示文稿通过每一张幻灯片来传达信息，使用 PowerPoint 可以很容易地创建幻灯片，并在幻灯片中输入文字、添加表格、绘制图形、插入图片，利用 PowerPoint 2016 创建的演示文稿可以通过不同的方式播放。

【在线学习】

9.1 PowerPoint 的基本概念

演示文稿是由若干张幻灯片组成，幻灯片是演示文稿的基本组成单位。通过在线学习明确 PowerPoint 的几个基本概念。
（1）演示文稿。
（2）幻灯片。
（3）幻灯片对象。
（4）幻灯片版式。
（5）幻灯片模板。

9.2 PowerPoint 窗口的基本组成

通过在线学习熟悉 PowerPoint 的相关知识。
PowerPoint 2016 启动成功后，屏幕出现 PowerPoint 2016 窗口。该窗口由哪些部分组成？各部分的主要作用是什么？

9.3 PowerPoint 演示文稿的视图类型与切换方式

视图是用户查看幻灯片的方式，PowerPoint 能够以不同的视图方式显示演示文稿的内容，在不同视图下观察幻灯片的效果有所不同。
通过在线学习熟悉 PowerPoint 以下操作方法与相关知识。
（1）PowerPoint 提供了哪几种显示演示文稿的方式？

（2）如何用 PowerPoint 进行视图切换？

9.4 演示文稿的创建与保存

通过在线学习熟悉 PowerPoint 以下操作方法与相关知识。
（1）如何创建新演示文稿？
（2）如何保存演示文稿？

【方法指导】

9.5 幻灯片的文字设计

1. 文字的使用准则

文字是 PPT 的灵魂，一般要求庄重、正规、整体协调一致。

（1）文字要精练。尽量避免大段文字，应多用归纳性的简短文字。大段文字要分成几个小段，尽量采取一句一行排版，不要写成一段话。

（2）突出关键。关键字采用加大字号、改变颜色或特殊效果等的方式。

（3）区分正文。标题和正文字体排版要有变化，一般行间距要大于字符间距，使视线容易区分上下行；重点文字可以设置颜色加以突出。改变不同段落之间的距离，大段落之间的间距要明显大于小段落之间的间距。

（4）合理断字断句。如果词组在句末，尽量不要断词；对于完整的句子，要合理断句，保证清晰易懂。

（5）采用符合视觉习惯的对齐方式。

（6）合理调整行距。对于多行文本，可以通过调整行距美化排版效果。固定行距通常有 1.0、1.5、2.0、2.5、3.0 多种设置，也可以选择"多倍行距"，设置自定义行距。

（7）将文本转换为 SmartArt 图形。针对一些条目多的文本，可以快速直接将文本转换为 SmartArt 图形，达到醒目的效果。

（8）将文本转换为图片。

2. 字体的选用

在不同的场合，选用不同的字体，会大大提高幻灯片的表现力。

（1）字体的类型

字体分为有衬线字体和无衬线字体，有衬线字体在字的笔画开始和结束的地方有额外的装饰，而且笔画的粗细会有所有不同；无衬线字体线条粗细差不多。

（2）中文字体的选用

宋体、方正粗宋等字体属于有衬线字体，适合小字号使用，投影效果清晰度不高。黑体、微软雅黑等字体属于无衬线字体，适合大字号使用，投影效果好。在投影状态下更倾向于推荐使用无衬线字体，无衬线字体通常有艺术美感，特别是在较大的标题、较短的文字段落中，使用无衬线字体会更加有冲击力。

正文可选用黑体、宋体、仿宋体等，标题、小标题可使用黑体、隶书等。

从 PowerPoint 2007 版开始，推荐使用的无衬线字体已经从"黑体"转为"微软雅黑"字体。微软雅黑字体易于阅读，显示清晰优美，中英文搭配非常和谐，标题和正文皆可使用。

制作 PPT 常用的中文字体名称及样例，如表 9-1 所示。

表 9-1 制作 PPT 常用的中文字体名称及样例

字体名称	字体样例	字体名称	字体样例
微软雅黑	敏锐的观察力	华文行楷	审美的鉴赏力
黑体	激情的行动力	隶书	资源的整合力
宋体	不屈的拼搏力	华文细黑	生活的享受力
仿宋	演讲与沟通力	华文琥珀	超前的学习力
楷体_GB2312	无穷的创造力	华文中宋	知识的包容性

（3）英文字体的选用

很多 PPT 也要用到英文字母，中文字体往往对英文字母的支持效果不是很好，如果直接使用中文字体，可以使用"微软雅黑"。大段英文，可选用 Time New Roman 或 Arial，文中强调重点内容可选用 Arial Black，Arial 和 Arial Black 可以形成鲜明又不冲突的对比效果；修饰英文大标题可选用 Stencil 或 Impact；各种 Helvetica 字体简洁、现代感强，适用于商业 PPT。

制作 PPT 常用的英文字体名称及样例，如表 9-2 所示。

表 9-2 制作 PPT 常用的英文字体名称及样例

字体名称	字体样例
微软雅黑	Good luck to you.
Time New Roman	Good luck to you.
Arial	Good luck to you.
Arial Black	**Good luck to you.**
Stencil	GOOD LUCK TO YOU.
Impact	Good luck to you.

（4）数字字体的选用

在 PPT 的正文、表格或图表中会大量使用数字，这些数字的特点是字体显得小。如果希望数字能被清晰阅读，推荐使用英文 Arial 字体，在同等字号情况下，Arial 字体可以兼顾清晰度和美观度，而且能被不同系统的电脑兼容。Helvetica 字体更加稳重，但是必须在计算机中安装该字体才能使用，并且在加大字号时显示效果才会明显。

如果没有太特殊的要求，为了简便，建议统一使用"微软雅黑"字体。

3. 字号大小的确定

改变文字的大小，可以突出重要的文字性，甚至可以影响对信息的判断。PPT 可以通过改变字号大小、改变配色对比、突出不同的关键词，让整段文字的侧重点发生明显改变。

各级标题建议使用 28 磅以上字号；正文文字建议使用 16 磅、18 磅、20 磅、22 磅、24 磅字号。如果想通过字号变化突出重点内容，一般被强调的文字字号至少要加大 4 磅，这样效果才会更好。

4. 文字颜色的配置

不同的颜色传递不同的含义。在 PPT 中彩色文字往往更加醒目活泼，灰色文字很容易在阅读时被忽略，常用颜色列表如表 W9-1 所示。

文字的色彩有 5 种常见的表现形式，一般冷色让人觉得沉稳，暖色更加醒目，黑白色是万能搭配，灰色能够起到降噪作用，渐变色可以丰富文字的层次感。

文字颜色设置有讲究，要让文字清晰地显示在屏幕上。既要让画面绚丽多彩，又要让画面看起来舒服、平静。字的颜色要与背景色对比强烈，便于阅读。

5. 文字方向的安排

（1）PPT 的文字多采用左右横置，符合阅读习惯。

（2）汉字是方块字，可以竖置排列，竖式阅读是从上到下，从右往左看，一般会加上竖式线条进行修饰，更有助于保持阅读的方向。

（3）无论是中文还是英文，都可以把文字斜向排列，斜向排列的字体往往打破了默认的阅读视野，有很强的冲击力。如果文字斜向排列，文字的内容不宜太多。斜向文字往往需要配图美化，配图的一个技巧是使图片的角度和文字呈 90°，这样可以顺着图片把视线集中到斜向文字上。

6. 文字的修饰

在 PPT 中常规的艺术修饰效果有加粗、斜体、画线、阴影、删除线、密排、松排、变色、艺术字等，艺术字样式有文本填充（填充文字内部的颜色）、文本轮廓（填充文字外框的颜色）和文本效果（设置文字阴影等特效）。艺术字特效里还有一种特殊的转换特效，可以制作出各种弯曲的字体。如果加上拉伸调整和换行操作，可以转换出非常有趣的特效。

7. 文本的美化

将 PPT 的文字用各种形状包围，可获得更具修饰感的文字形状，通过利用形状组合和颜色遮挡就可以获得一些特殊的效果。

（1）用轮廓线美化文本：添加轮廓线美化标题文字。

（2）使用精美的艺术字：为选择的文字添加艺术字效果。

（3）快速美化文本框：设置文本框边框与填充效果。

（4）格式刷引用文本格式：使用格式刷保证格式相同。

9.6 幻灯片的段落排版

打开【段落】对话框，可以设置对齐方式、缩进、行距和段间距。

1. 设置行间距

行距是指段落中每一行（自然换行或手动换行）之间的间距，通常设置在 1.2 倍至 1.5 倍之间为宜，过于拥挤的文字不利于阅读。

在【行距】下拉框中选择不同的行距设置，可以改变段落中不同文字行之间的间隔距离。如果选择"多倍行距"，可以在右侧设置具体的倍数。

2. 设置段落间距

段落间距可以强化段落划分、突出并列或递进关系、引导读者的视线停留。通过调整"段前"或"段后"间距可以改变每个段落之间的间隔距离。

3. 设置缩进

在没有设置缩进的情况下，文字在文本框内如果左对齐则紧贴左侧边框线，如果右对齐则紧贴右侧边框线。设置缩进可以让文字与边框之间保持一定的间隔距离。

缩进是段落文字与对齐边界之间的距离，包括首行缩进和悬挂缩进。

（1）首行缩进：指同一段落的多行文字只有第一行保留缩进间距。

（2）悬挂缩进：通常用于有"项目符号"或"编号"的段落文字中。

4. 设置文字的对齐方式

对于幻灯片中大篇幅的文字，需要合理设置其文字对齐方式，合理安排文字排版空间，避免造成因文字信息量过大，产生模糊不清的情况。

文本的对齐方式包括左对齐、右对齐、居中对齐、两端对齐和分散对齐。

（1）左对齐：最常规、应用最广的对齐方式，可以使人一目了然，常用于正文对齐。

（2）右对齐：能增强内容之间的关联性，常用于主标题和副标题。

（3）居中对齐：使两侧文字整齐向中间集中，文字显示在页面的中间。

（4）两端对齐：指一段文字（在两回车符之间）在页面边距之间均匀分布，通过自动调整文字间距，把靠近两侧边界的文字都各自向边界方向对齐。使排列的文本整洁干净，看起来更加优雅。左对齐则不进行自动调整，如果只剩半个字的位置就空在那儿，这样右边看起来就参差不齐。

在幻灯片中至少要有满满的两行或者更多行，才能发现两端对齐的效果。两端对齐是PowerPoint默认的对齐方式，目的是让文档的各段各行的文字，在左右两边都能对齐。尤其是在排版英文的时候，效果更明显。

（5）分散对齐：使每一行文字在页面左右边距之间均匀分布，如果幻灯片的每一行文字，都不足一行，在这种情况下，如果使用分散对齐，当前行的文字会分开对齐，即增加字符之间的距离，就会占用一行的位置。对于段落的最后一行，如果不是满行文字，将会在字符之间添加额外空格，以使其与段落宽度一致。

9.7 幻灯片的默认样式

1 使用默认线条

如果在幻灯片编辑过程中需要反复使用线条，并要有统一的样式，包括线条颜色、线条粗细、线条类型（虚线、点画线等）、线条效果等，可以借助"默认线条"功能来实现。

在幻灯片中插入一线条，如直线，然后对其进行颜色、粗细等样式设置。设置完成后，选中直线单击右键，在弹出的快捷菜单中选择【设置为默认线条】命令，如图9-1所示。该线条样式设置完成后，在幻灯片中每次插入新线条（包括直线、箭头、连接符等），都会自动套用所设置的线条样式。

注意：设置默认线条后不会更改幻灯片上已有线条的样式。

2. 使用默认形状

在幻灯片中插入一个形状，如矩形，然后对其样式进行设置。可以设置默认的样式，包括形状填充（填充方式）、形状轮廓（边框线条颜色、粗细、虚线、箭头等）、形状效果（阴影、映像、棱台等），甚至包括形状当中所添加文字的样式（文本填充、文本轮廓、文本效果）。

单元9　设计与制作文件解读 PPT

图 9-1　在快捷菜单中选择【设置为默认线条】命令

该形状样式设置完成后，选中形状单击右键，在弹出的快捷菜单中选择【设置为默认形状】命令，就可以用这个形状的样式作为默认形状样式，以后新建的每一个形状都会自动套用这个预设的样式。

3．使用默认文本框

文本框也是形状的一种类型，可以通过"设置为默认文本框"将其样式预设为统一样式。

在幻灯片中插入一个文本框，输入文字内容，然后对其进行样式设置。文本框可以设置为默认样式，包括填充、边框、形状效果，还可以设置文本框中文字的字体、大小、颜色、对齐方式、文字方向等。

对文本框样式设置完成后，选中该文本框单击右键，在弹出的快捷菜单中选择【设置为默认文本框】命令，就可以以这个文本框的样式作为默认样式，以后在当前幻灯片中插入的文本框都会自动套用这个预设的默认样式。

【分步训练】

【任务 9-1】　创建演示文稿"任务 9-1.pptx"，解读"国务院关于大力推进大众创业、万众创新若干政策措施的意见"

【任务描述】

创建演示文稿"任务 9-1.pptx"，对"国务院关于大力推进大众创业、万众创新若干政策措施的意见"进行解读，针对每张幻灯片设置不同的效果，具体要求如下：

（1）在该演示文稿中添加多张幻灯片，在各张幻灯片中输入必要的文字。

（2）分别设置各幻灯片中文字的字体、字号、颜色、方向等。

（3）分别设置各幻灯片中文字的对齐方式、字符间距和行距。

（4）使用轮廓线美化 PPT 的文字。

（5）设置 PPT 文字的填充效果。
（6）应用 PPT 中的艺术效果美化文字。
（7）为 PPT 的文字应用图片效果。
（8）设置 PPT 文本框的边框和填充效果。
（9）为 PPT 分别添加封面、目录页和封底。

【任务实现】

创建演示文稿"任务 9-1.pptx"，添加 1 张幻灯片。

1. 设置 PPT 文字的字体和字号

（1）设置 Windows 系统自带的标准字体

第 1 张幻灯片中添加 1 个标题和 4 行正文内容，并分别设置不同的字体（微软雅黑、黑体、宋体、仿宋），标题的字号设置为"40"，正文的字号设置为"24"，后两行正文文字设置为"加粗"，如图 9-2 所示。

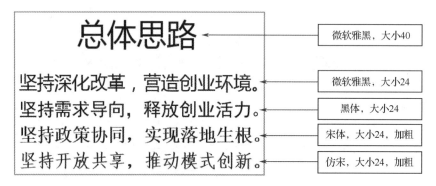

图 9-2 第 1 张幻灯片不设置系统自带的标准字体

尝试设置其他字体，如楷体_GB2312、华文行楷、隶书、华文中宋、华文细黑，并比较其效果。

（2）设置网上下载的新字体

从网上下载方正硬笔行书简体、华康俪金黑 W8、方正卡通简体、叶根友特楷简体、方正综艺简体等多种新字体文件。

打开 Windows 的【控制面板】窗口，在该窗口中选择【字体】选项，如图 9-3 所示，在打开的文件夹中显示出计算机已安装的字体。

图 9-3 在【控制面板】窗口选择【字体】选项

打开存放下载字体的文件夹，选中字体文件并按【Ctrl+C】组合键进行复制，再进入打开的【字体】文件夹，按【Ctrl+V】组合键执行粘贴操作。

新字体安装完成后，在 Windows 的【字体】文件夹中就会增加新添加的字体，如图 9-4 所示。

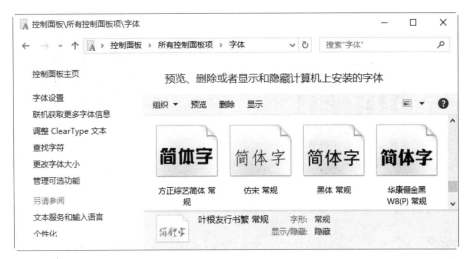

图 9-4　在 Windows 的【字体】文件夹中添加新字体

字体安装完成后，重新启动 PowerPoint 即可使用新安装的新字体。

在演示文稿"任务 9-1.pptx"中添加第 2 张幻灯片，并且添加 1 个标题和 4 行正文文字，分别使用不同的字体，如图 9-5 所示。

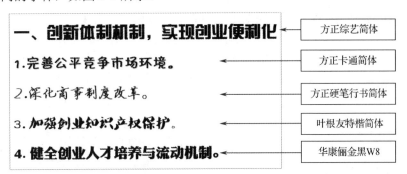

图 9-5　在第 2 张幻灯片中设置下载的新字体

2. 设置 PPT 文字的颜色和行距

（1）利用 PowerPoint 的【颜色】对话框设置第 2 张幻灯片中的文字颜色

将第 2 张幻灯片中所有文字统一设置为"微软雅黑"字体，并分别设置为不同的颜色。选中需要设置颜色的文字，单击【开始】选项卡【字体】组的【字体颜色】下拉按钮，弹出【颜色】列表框，在该列表框中单击【其他颜色】按钮，如图 9-6 所示。

小贴士：【颜色】在列表框中默认的"主题颜色"包括白色、黑色、灰色-25%、蓝-灰、蓝色、橙色、灰色-50%、金色、蓝色、绿色等系列颜色。"标准色"包括深红、红色、金色、黄、酸橙色、深绿、青绿、深蓝和紫色。

打开【颜色】对话框，切换到【自定义】选项卡中，选择【RGB】颜色模式，然后分别在"红色"数字框中输入"198"，在"绿色"数字框中输入"1"，在"蓝色"数字框中输入

"25",如图 9-7 所示。

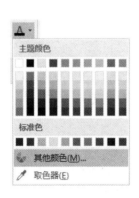

图 9-6 在【颜色】列表框中单击【其他颜色】按钮

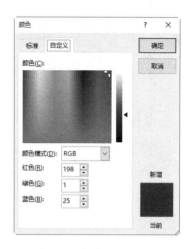

图 9-7 【颜色】对话框

颜色的 R、G、B 值设置完成后,单击【确定】按钮,在幻灯片中选中的文字即应用所设置的颜色。

以同样的方式设置其他文字的颜色。为了演示不同颜色的设置效果,对不同行的文字也设置了不同的颜色。

(2)利用【段落】对话框设置第 2 张幻灯片中段落文字的行距

图 9-8 在【行距】列表框中单击【行距选项】按钮

选中第 2 张幻灯片中所有的文字段落,单击【开始】选项卡【段落】组的【行距】下拉按钮,弹出【行距】列表框,在该列表框中单击【行距选项】按钮,如图 9-8 所示。

小贴士:【行距】列表框的默认行距有 1 倍行距、1.5 倍行距、2 倍行距、2.5 倍行距、3 倍行距。

打开【段落】对话框,在该对话框的【间距】区域的"行距"下拉列表中选择"固定值"选项,然后在"设置值"数字框中输入"间距"数值"50 磅",如图 9-9 所示。

图 9-9 在【段落】对话框的【间距】区域设置行距

第 2 张幻灯片的文字颜色和段落文字的行距设置完成后的效果,如图 9-10 所示。

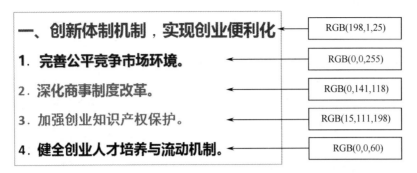

图 9-10　第 2 张幻灯片的文字颜色和段落文字的行距设置完成后的效果

小贴士：在图 9-9 所示的【段落】对话框中【间距】区域还可以设置为非标准值行距，如 1.6 倍行距，在"行距"列表框中选择"多倍行距"，在"设置值"数字框中输入"1.6"，如图 9-11 所示，然后单击【确定】按钮关闭【段落】对话框即可。

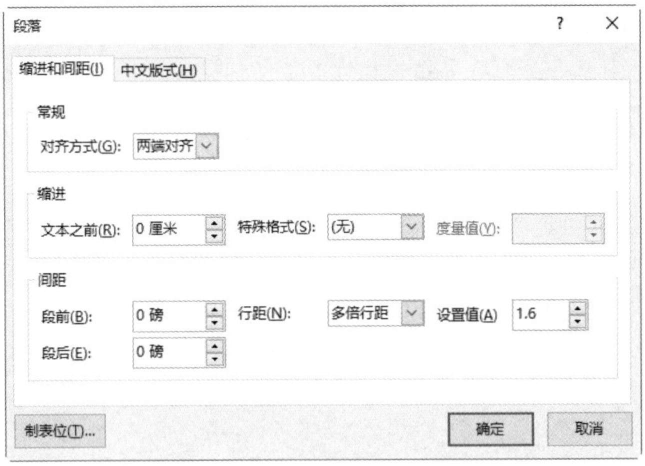

图 9-11　在【段落】对话框的【间距】区域设置多倍行距

（3）利用 PowerPoint 的【取色器】设置文字颜色

在演示文稿"任务 9-1.pptx"中添加第 3 张幻灯片，并添加 1 个标题和 3 行正文文字。文字字体设置为"华康俪金黑 W8"、字号设置为"24"，行距设置为"1.5 倍行距"。

利用图像捕捉工具抓取桌面或任务栏中"Google Chrome"的图标，再将"Google Chrome"图标插入到第 3 张幻灯片中，如图 9-12 所示。

图 9-12　"Google Chrome"的图标

选中第 3 张幻灯片中的标题文字，单击【开始】选项卡【字体】组的【字体颜色】下拉按钮，弹出【主题颜色】列表框，在该列表框中单击【取色器】按钮。将取色器的吸管指向"Google Chrome"图标的背景颜色（深蓝）位置单击，如图 9-13 所示。即可完成颜色的拾取和文字颜色的设置。

图 9-13　"取色器"拾取"Google Chrome"的图标的背景颜色

图 9-14 在【行距】列表框中选取"1.5"

以同样的方法分别拾取"Google Chrome"图标中的"深绿色""红色""金色",并对幻灯片中的文字设置同样的颜色。

(4)利用"行距"下拉列表设置第 3 张幻灯片中段落文字的行距

选中第 3 张幻灯片中所有的文字段落,单击【开始】选项卡【段落】组的【行距】下拉按钮,弹出【行距】列表框,在该列表框中选取"1.5",如图 9-14 所示。

第 3 张幻灯片中的文字颜色和段落文字的行距设置完成后的效果,如图 9-15 所示。

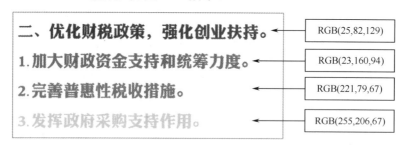

图 9-15 第 3 张幻灯片中的文字颜色和段落文字的行距设置完成后的效果

3. 设置 PPT 文字的竖置排列和斜向排列

(1)设置文字竖置排列

在演示文稿"任务 9-1.pptx"中添加第 4 张幻灯片,并添加 1 个标题和 3 行正文文字。文字字体设置为"微软雅黑",字号设置为"24",行距设置为"1.5 倍行距",并将文字"加粗"和添加"下画线"。

选中第 4 张幻灯片中的标题和正文文字,单击【开始】选项卡【段落】区域的【文字方向】下拉按钮,弹出【文字方向】列表框,在该列表框中选择【竖排】选项,如图 9-16 所示。

文字的横排效果如图 9-17 所示,竖排文字效果如图 9-18 所示。

(2)设置文字斜向排列

在演示文稿"任务 9-1.pptx"中添加第 5 张幻灯片,在该幻灯片中添加 1 个矩形文本框,在该文本框中添加 1 个标题和 4 行正文文字。文字字体设置为"微软雅黑",字号设置为"24",行距设置为"1.5 倍行距",并且"加粗"。

图 9-16 【文字方向】列表框

图 9-17 第 4 张幻灯片中文字的横排效果   图 9-18 第 4 张幻灯片中文字的竖排效果

单击选中文本框,将鼠标指针指向文本框的【旋转】按钮,按住鼠标左键拖动鼠标旋转文本框至合适位置,然后松开鼠标按键,文本框旋转后的效果如图 9-19 所示。

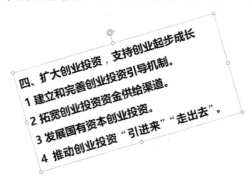

图 9-19　第 5 张幻灯片中文本框旋转后的效果

4. 设置 PPT 文字的对齐方式和字符间距

（1）设置文字的对齐方式

在演示文稿"任务 9-1.pptx"中添加第 6 张幻灯片,并添加 1 个标题和 4 行正文文字。文字字体设置为"微软雅黑",字号设置为"24",行距设置为"1.5 倍行距",将文字"加粗"。

选中幻灯片中各行文字,在【开始】选项卡的【段落】组中单击【左对齐】按钮,设置所选文本为左对齐。

（2）调整文字的间距

选中幻灯片中需要调整字符间距的文本,在【开始】选项卡的【字体】组中单击【字体】按钮,打开【字体】对话框。

在【字体】对话框中切换到【字符间距】选项卡,单击"间距"栏右侧的下拉按钮,在下拉列表中选择"加宽",在"度量值"数字框中输入"2",单位默认为"磅",如图 9-20 所示,然后单击【确定】按钮即可。

图 9-20　在【字体】对话框的【字符间距】选项卡中设置字符间距

第 6 张幻灯片的文字设置左对齐和字符间距的效果,如图 9-21 所示。

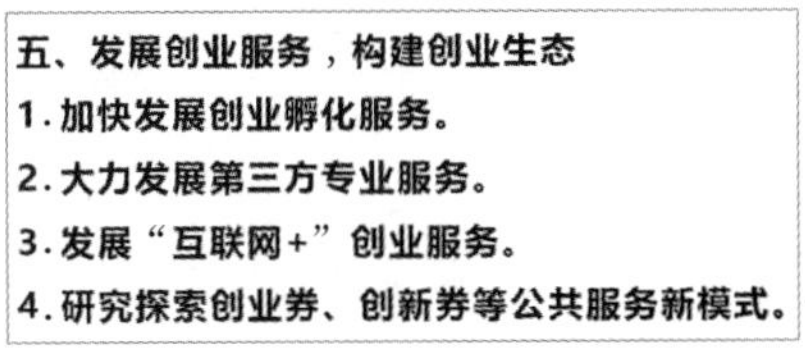

图 9-21　第 6 张幻灯片的文字设置左对齐和字符间距的效果

5. 使用轮廓线美化 PPT 的文字

为文字添加轮廓线也是美化的一种方式，这种美化方式比较适合字号较大的文字，如标题文字。

在演示文稿"任务 9-1.pptx"中添加第 7 张幻灯片，并添加 1 个标题和 3 行正文文字。文字字体设置为"方正卡通简体"，字号设置为"24"，行距设置为"1.5 倍行距"，将所有文字"加粗"，正文文字设置"蓝色"。

（1）设置标题行的间距和轮廓线

选中幻灯片中标题文字，在【开始】选项卡的【段落】组中单击【段落】按钮，打开【段落】对话框，在该对话框的【缩进和间距】选项卡"间距"区域的"段后"数字框中输入"10 磅"，如图 9-22 所示。

图 9-22　设置标题行的段后间距

在第 7 张幻灯片中选中标题行文字，在【格式】选项卡中的【艺术字样式】组中单击【文本轮廓】下拉按钮，展示文本轮廓列表框，在"主题颜色"栏中选择轮廓颜色"蓝色"，然后指向"粗细"，在其下拉列表中选择"1.5 磅"，如图 9-23 所示，再指向"虚线"选择"实线"，如图 9-24 所示。

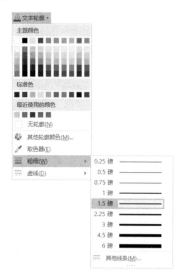

图 9-23　设置文字轮廓线的粗细

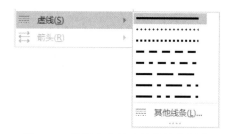

图 9-24　设置文字轮廓线的线条样式

（2）设置正文文字的轮廓线

在第 7 张幻灯片中选中正文文字，在【格式】选项卡的【艺术字样式】组中单击【文本轮廓】下拉按钮，展示文本轮廓列表框，指向"粗细"选项，在其级联菜单中选择【其他线条】选项，打开【设置形状格式】界面，在该界面可以分别设置文字轮廓线的类型，包括颜色、透明度、宽度、复合类型、短划线类型、端点类型、联接类型，如图 9-25 所示。

图 9-25　设置形状格式窗格

在第 7 张幻灯片中设置标题行的段后间距和设置文字轮廓线的效果，如图 9-26 所示。

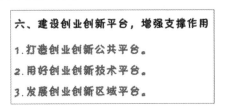

图 9-26　第 7 张幻灯片设置标题行的段后间距和设置文字轮廓线的效果

6. 设置 PPT 文字的填充效果

对于文字的编辑，不仅可以将其变色、变形，还可以通过填充图片或图案，让文字更具美感。

在演示文稿"任务 9-1.pptx"中添加第 8 张幻灯片，并添加 1 个标题和 3 行正文文字。文字字体设置为"方正卡通简体"，字号设置为"24"，行距设置为"1.5 倍行距"，将所有文字"加粗"。

（1）设置标题行文字的填充效果

在第 8 张幻灯片中选中标题行文字，在【格式】选项卡的【艺术字样式】组中单击【文本填充】下拉按钮，在弹出的列表中选择【图片】命令，如图 9-27 所示。

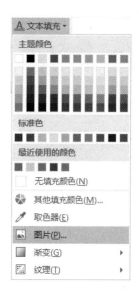

图 9-27 在【文本填充】的列表框中选择【图片】命令

在弹出的【插入图片】对话框中选择作为文本填充的图片"01.jpg",如图 9-28 所示。然后单击【插入】按钮即可完成图片填充效果的设置,再将标题行文字的轮廓线颜色设置为"深绿"。

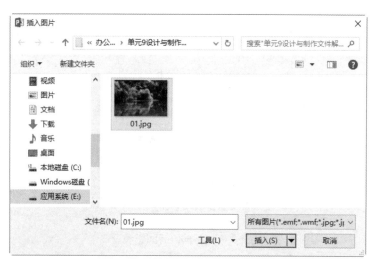

图 9-28 在【插入图片】对话框中选择填充图片

(2)设置正文的文字填充效果

选中第 8 张幻灯片正文的文字,在【格式】选项卡的【艺术字样式】组中单击【文本填充】的下拉按钮,展示文本填充列表框,在列表框中选择主题颜色为"绿色"。然后设置正文的文字轮廓线颜色为"金色"。

第 8 张幻灯片设置的文字填充效果和轮廓线效果,如图 9-29 所示。

7. 应用 PPT 的艺术效果美化文字

在第 8 张幻灯片中选择需要设置艺术效果的文字,功能区出现【格式】选项卡,在【艺术字样式】组,可以看到预设的艺术字效果,如图 9-30 所示。直接选择一种艺术字效果,就可以为选择的文字设置预设的艺术字效果。

图 9-29　第 8 张幻灯片设置的文字填充效果和轮廓线效果

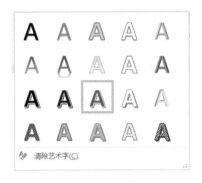

图 9-30　【格式】选项卡中的【艺术字样式】组与预设的艺术字效果

在第 8 张幻灯片中选择标题行文字，在【艺术字样式】组单击【文本效果】下拉按钮，即可展开下拉菜单，指向【映像】选项，在展开的映像预设效果列表的"映像变体"区域，选择"半映像，接触"为标题行文字设置映像效果，如图 9-31 所示。

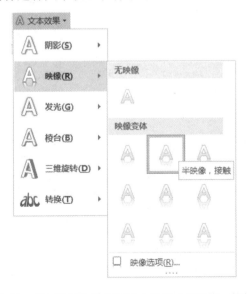

图 9-31　在【映像】效果列表中选择"半映像，接触"

在第 8 张幻灯片中选择正文各行文字，在【文本效果】下拉菜单中指向【发光】选项，在展开的发光预设效果列表的"发光变体"区域，选择"金色，11pt 发光，个性色 4"为正文各行文字设置发光效果，如图 9-32 所示。

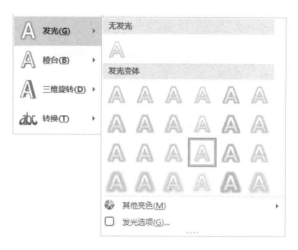

图 9-32　在【发光】效果列表中选择"金色，11pt 发光"

在第 8 张幻灯片中选择全部文字，在【文本效果】下拉菜单中指向【转换】选项，在展开的转换预设效果列表的"弯曲"区域，选择"倒 V 形"为各行文字设置转换效果，如图 9-33 所示。

在 PowerPoint 中除了设置"映像""发光""转换"艺术字效果，还可以设置"阴影""三维旋转"等效果。除了应用系统预设的艺术字效果，也可以自定义艺术字效果。选择要添加艺术字效果的文本，单击鼠标右键，在弹出的菜单中单击【设置文字效果格式】命令，即可在窗口右侧打开【设置形状格式】窗格，如图 9-34 所示。在该窗格中分别单击"阴影""映像""发光"等可展开设置选项，能进行更多的参考设置。

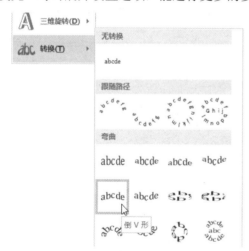

图 9-33　在【转换】效果列表中选择"倒 V 形"　　　图 9-34　设置形状格式窗格

第 8 张幻灯片的文字设置艺术字效果后，如图 9-35 所示。

8. 为 PPT 的文字应用图片效果

在 PowerPoint 中可以先将文字转换为图片，然后所有针对于图片的效果都可以应用。

在演示文稿"任务 9-1.pptx"中添加第 9 张幻灯片，并添加 1 个标题和 3 行正文文字，文字字体设置为"微软雅黑"，字号设置为"24"，行距设置为"1.5 倍行距"，将所有文字"加粗"。

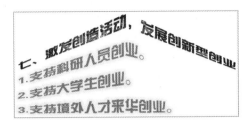

图 9-35　第 8 张幻灯片的文字设置艺术字效果

选中第 9 张幻灯片中已有的文字，在【开始】选项卡【剪贴板】组中单击【复制】按钮，然后在幻灯片中单击【剪贴板】组中的【粘贴】下拉按钮，在展开的"粘贴选项"中选择【图片】选项，即可将文字转换为图片。

选中图片格式的文字，在功能区【格式】选项卡【图片样式】组单击预设图片样式下拉按钮，展开系统预设的图片样式列表，在预设图片样式列表中选择"松散透视，白色"选项，如图 9-36 所示，为幻灯片的文字图片快速应用所选的图片样式。

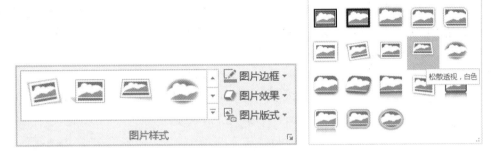

图 9-36　【格式】选项卡的【图片样式】组与系统预设的图片样式列表

在【格式】选项卡的【调整】组中单击【艺术效果】命令按钮，如图 9-37 所示，在展开的艺术效果列表中选择相应艺术效果，这里选择"玻璃"选项，即可应用所选的艺术效果。

图 9-37　【格式】选项卡的【调整】组

第 9 张幻灯片的图片格式文字设置的图片样式和艺术效果，如图 9-38 所示。

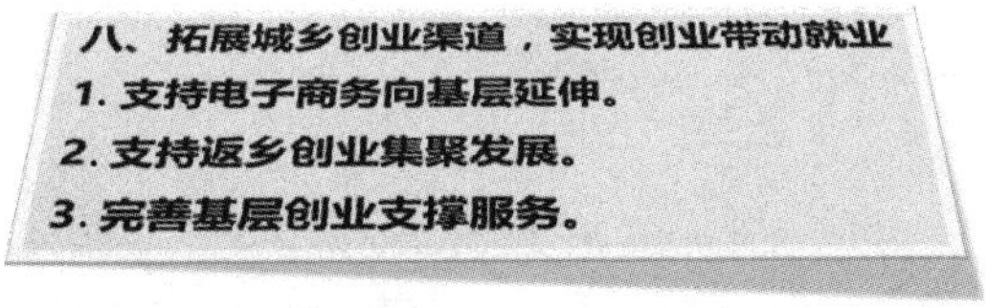

图 9-38　第 9 张幻灯片的图片格式文字设置的图片样式和艺术效果

9. 设置 PPT 文本框的边框和填充效果

幻灯片中使用文本框非常频繁，如果对默认文本框的效果不满意，可以通过设置文本框边框与填充效果来美化文本框。

在演示文稿"任务 9-1.pptx"中添加第 10 张幻灯片，并添加 1 个标题和 3 行正文文字，文字字体设置为"微软雅黑"，字号设置为"24"，行距设置为"1.5 倍行距"，将所有文字"加粗"。

选择幻灯片中的文本框，在【绘图工具—格式】选项卡【形状样式】组中单击预设形状样式下拉按钮，如图 9-39 所示，展开系统预设的形状样式列表，在"预设形状样式"列表的"预设"区域选择"渐变填充—橙色，强调颜色 2，无轮廓"，如图 W9-6 所示。

图 9-39 【格式】选项卡的【形状样式】组

除了使用预设的形状样式快速美化文本框外，还可以自定义形状填充、形状轮廓、形状效果，设置文本框的填充效果、轮廓效果和形状效果。

在幻灯片中选中文本框，在【格式】选项卡【形状样式】组中单击【形状效果】下拉按钮，在展开的下拉菜单中指向【预设】选项，在该选项的列表中单击选择【预设 4】，如图 9-40 所示，即可将所选文本框设置为"预设 4"的形状效果。

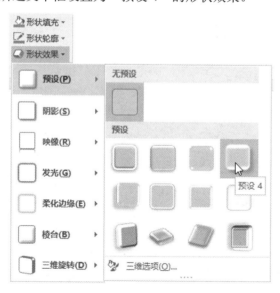

图 9-40 在【形状效果】下拉菜单的【预设】列表中选择【预设 4】

第 10 张幻灯片的文本框美化效果，如图 9-41 所示。

10. 在 PPT 中添加封底

在演示文稿"任务 9-1.pptx"中添加第 11 张幻灯片，并添加文字"谢谢""THANKS"。文字字体设置为"微软雅黑"，字号设置为"66"，颜色设置为"深红"，将所有文字"加粗"。

第 11 张幻灯片文字的设置效果如图 9-42 所示。

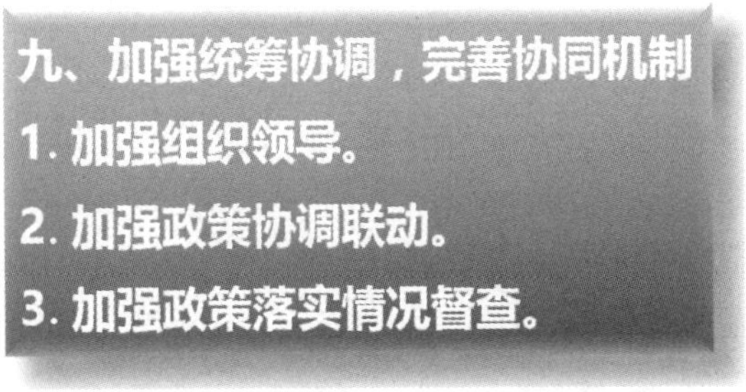

单元 9　设计与制作文件解读 PPT　161

图 9-41　第 10 张幻灯片的文本框美化效果 　　　　图 9-42　第 11 张幻灯片文字的设置效果

11. 在 PPT 中添加封面

在演示文稿"任务 9-1.pptx"的第 1 张幻灯片之前插入一张新的幻灯片，原有幻灯片的序号依次增加 1，即原有的第 1 张幻灯片变成第 2 张，原有的第 11 张幻灯片变成第 12 张。

图形在幻灯片中的应用非常广泛，除了"形状"列表中提供的那些可以直接使用的图形之外，使用"任意多边形"工具也可以绘制任意的多边形图形。

（1）在幻灯片中绘制文本框并进行相应设置

在 PowerPoint 幻灯片导航区域中单击新增加的第 1 张幻灯片，使之进入编辑状态，在【插入】选项卡【插图】组中单击【形状】按钮，在展开的形状列表中选择【文本框】，如图 9-43 所示。鼠标指针变为"+"形状光标，在幻灯片中定位光标，再拖动鼠标，在幻灯片的绘制文本框，拖动至大小合适时松开鼠标左键。

图 9-43　在形状列表中选择【文本框】

在该文本框中输入文字"国务院关于大力推进大众创业　万众创新若干政策措施的意见"，并在"大众创业"后回车换行。

选中幻灯片插入的文本框，单击鼠标右键，在弹出的快捷菜单中选择【大小和位置】命令，弹出【设置形状格式】界面，并自动显示【大小】设置区域，在"高度"数字框中输入"8 厘米"，在"宽度"数字框中输入"26 厘米"，如图 9-44 所示。

在【设置形状格式】界面拖动滑动条显示"文本框"区域，"垂直对齐方式"选择"顶端对齐"，"文字方向"选择"横排"，在"左边距"数字框中输入"3 厘米"，在"右边距"数字框中输入"4 厘米"，在"上边距""下边距"数字框中分别输入"2 厘米"，如图 9-45 所示。

图 9-44　设置文本框的高度和宽度　　　　图 9-45　设置文本框的边距

该文本框中文字字体设置为"微软雅黑",字号设置为"40",文字颜色设置为"白色",将所有文字"加粗"。

该文本框的边框线条设置为"无线条",填充颜色设置为"蓝色",设置完成后的外观效果如图 9-46 所示。

图 9-46　新插入的第 1 张幻灯片中大文本框的外观效果

按照同样的方法,在幻灯片中再插入 1 个文本框,在该文本框中输入文字"图解",将该文本框中文字字体设置为"方正卡通简体",字号设置为"32",文字颜色设置为"白色",将所有文字"加粗"。

该文本框的边框线条设置为"无线条",填充颜色设置为"浅蓝",高度设置为"1.76 厘米",宽度设置为"3 厘米"。

(2) 在幻灯片中绘制 2 个三角形并进行相应设置

在【形状】列表中单击"直角三角形",在幻灯片中绘制 1 个直角三角形,并旋转该直角三角形,使其斜边位于对角线位置。设置直角三角形的高度为"0.8 厘米",宽度为"1.5 厘米",设置边框线条为"无线条",设置填充颜色为"浅蓝"。

以同样方法绘制另一个直角三角形,并且相关设置与前一个直角三角形相同,旋转第 2 个直角三角形,使其斜边位于另一条对角线位置。

按住键盘上的【Ctrl】键,依次单击选择幻灯片中的两个直角三角形,在【格式】选项卡【排列】组中,单击【对齐】下拉按钮,在展开的下拉菜单中单击选择【顶端对齐】命令,如图 9-47 所示。于是两个直角三角形顶端便成对齐状态，如图 9-48 所示。

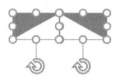

图 9-47　在【对齐】下拉菜单中
　　　　选择【顶端对齐】命令

图 9-48　顶端对齐的两个直角三角形

　　选中两个直角三角形，按键盘上的【↑】【↓】键、【←】【→】键，使直角三角形的顶部直角边与矩形文本框下边贴合，然后选择小文本框和左侧的直角三角形，在【对齐】下拉菜单中选择【左对齐】命令，使左侧直角三角形的竖起方向的直角边与小文本框左侧的边左对齐。接着选择小文本框与右侧的直角三角形，在【对齐】下拉菜单中选择【右对齐】命令，使右侧直角三角形的竖起方向的直角边与小文本框右侧的边右对齐。

　　按住键盘上的【Ctrl】键，依次单击选择幻灯片中的两个直角三角形和 1 个小文本框，在【格式】选项卡【排列】组中，单击【组合】命令按钮，在展开的下拉菜单中单击选择【组合】命令，如图 9-49 所示。将所选的三个图形组合成一个整体，最终组合效果如图 9-50 所示。

图 9-49　选择【组合】命令

图 9-50　幻灯片中三个图形的组合效果

　　选中幻灯片中三个图形的组合体，拖动至大文本框内部的合适位置，选择大文本框和组合体，然后在【对齐】下拉菜单选择【顶端对齐】命令，最终效果如图 9-51 所示。

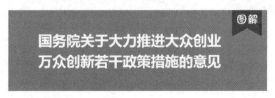

图 9-51　新插入的第 1 张幻灯片中文本框组合体的外观效果

12. 在 PPT 中添加目录页

在演示文稿"任务 9-1.pptx"的第 1 张幻灯片封面页之后插入一张新的幻灯片，原有幻灯片的序号依次增加 1，即原有的第 2 张幻灯片变成第 3 张，原有的第 12 张幻灯片变成第 13 张。

（1）将一个文本框中的目录文字转换为 SmartArt 图形

在设计演示文稿过程中，单纯的文本表达有时会显得枯燥，针对一些条目多的文本，如目录文本，可以直接将文本转换为 SmartArt 图形。

在新插入的幻灯片中插入一个文本框，在该文本框输入以下目录文字：

一、创新体制机制，实现创业便利化
二、优化财税政策，强化创业扶持
三、搞活金融市场，实现便捷融资
四、扩大创业投资，支持创业起步成长
五、发展创业服务，构建创业生态
六、建设创业创新平台，增强支撑作用
七、激发创造活动，发展创新型创业
八、拓展城乡创业渠道，实现创业带动就业
九、加强统筹协调，完善协同机制

选中目录幻灯片的文本框，在【开始】选项卡【段落】组中，单击【转换为 SmartArt 图形】按钮，在展开的下拉列表中单击选择【垂直项目符号列表】按钮，如图 W9-7 所示。即可将所选的文本转换为 SmartArt 图形。

将转换后的 SmartArt 图形文本字体设置为"微软雅黑"，字号设置为"20"，并"加粗"。依次选择每个矩形框，设置其左边距为"1 厘米"。

（2）添加一个组合图形

在新增的幻灯片中插入一个弧形和一个竖排文本框，弧形的填充颜色设置为"深红"，在竖排文本框中输入文字"目录"，文字字体设置为"微软雅黑"，字号设置为"48"，文字颜色设置为"白色"，并"加粗"。

然后将两个图形进行组合，并移至幻灯片左侧中部位置。

目录页幻灯片的设置效果如图 9-52 所示。

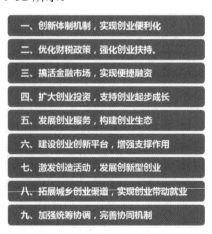

图 9-52　目录页幻灯片的效果

【任务 9-2】 创建演示文稿"任务 9-2.pptx",熟悉图形在 PPT 中的应用

【任务描述】

创建演示文稿"任务 9-2.pptx",完成以下任务,熟悉图形在 PPT 中的应用。
(1)绘制与编辑形状。
(2)合并与美化形状。

【任务实现】

创建演示文稿"任务 9-2.pptx",在第一张幻灯片中输入文字"绘制与美化图形",字体设置为"微软雅黑",字号设置为"60"。

1. 绘制与编辑形状

(1)绘制单个圆

在【插入】选项卡的【插图】组中单击【形状】按钮,在展开的形状列表中单击【椭圆】按钮◯,按住【Shift】键的同时,按住鼠标左键且拖动鼠标在幻灯片中绘制出正实心圆,如图 9-53 所示。

再一次画一个正圆,设置该圆的形状填充颜色为"白色",设置该圆的形状轮廓为"3 磅虚线",空心虚线圆如图 9-54 所示。

图 9-53　在幻灯片中绘制的实心正圆　　　图 9-54　在幻灯片中绘制的空心虚线圆

说明:按住【Shift】键,如果绘制直线则可以画出水平线和垂直线。如果绘制矩形则可以画出正方形。

(2)绘制带箭头的弧线

在【插入】选项卡的【插图】组中单击【形状】按钮,在展开的形状列表中单击【弧形】按钮⌒,按住鼠标左键且拖动鼠标在幻灯片中绘制弧形,然后旋转弧形,调整其形状和位置。

选中幻灯片中的弧形,在【绘图工具—格式】选项卡的【形状样式】组【形状轮廓】下拉菜单中设置弧形的粗细和箭头,带箭头的弧线如图 9-55 所示。

图 9-55　带箭头的弧线

(3)绘制折线

在【插入】选项卡的【插图】组中单击【形状】按钮,在展开的形状列表中单击【任意多边形】按钮,按住【Shift】键的同时,按住鼠标左键且拖动鼠标在幻灯片中绘制线条。第一根线条绘制完成后松开鼠标左键,然后再一次按住鼠标左键且拖动鼠标在幻灯片中绘制第二根线条,第二根线条绘制完成双击鼠标左键即可。绘制的折线如图 9-56 所示。

选中幻灯片中的折线,在【绘图工具—格式】选项卡的【插入形状】组单击【编辑形状】

按钮,在弹出的下拉菜单中选择【编辑顶点】命令,如图 9-57 所示。此时折线处于编辑状态,如图 9-58 所示,拖动编辑点可以调整线条的长度和折线的外形。

图 9-56　折线　　　图 9-57　选择【编辑顶点】命令　　　图 9-58　处理编辑顶点状态的折线

(4)绘制立方体

在【插入】选项卡的【插图】组中单击【形状】按钮,在展开的形状列表中单击【立方体】按钮,按住鼠标左键且拖动鼠标在幻灯片中绘制一个立方体。选中刚绘制的立方体,单击鼠标右键,在弹出的快捷菜单中选择【设置形状格式】命令,打开【设置形状格式】窗格,切换到【效果】选项卡,展开"映像"设置区域,"透明度"设置为"24%","大小"设置为"14%","模糊"设置为"0 磅","距离"设置为"2 磅",映像的自定义设置如图 9-59 所示。设置了自定义映像效果的立方体,如图 9-60 所示。

图 9-59　映像的自定义设置

(5)绘制两个饼形组成的饼图

在【插入】选项卡的【插图】组中单击【形状】按钮,在展开的形状列表中单击【饼形】按钮,按住鼠标左键且拖动鼠标在幻灯片中绘制一个饼形,调整饼形的尺寸大小和缺角大小。

以同样的方法绘制另一个饼形,且调整其尺寸大小和缺角大小。

将两个饼形移动到靠近的位置,组成一张饼图,如图 9-61 所示,该饼图可用形象地显示分布比例、结构比例等情况。

图 9-60　设置了自定义映像效果的立方体　　　图 9-61　两个饼形组成的饼图

（6）绘制两个弧形组成的图形

在【插入】选项卡的【插图】组中单击【形状】按钮，在展开的形状列表中单击【弧形】按钮，按住鼠标左键且拖动鼠标在幻灯片中绘制一个弧形，调整弧形的尺寸大小和圆心角大小。

以同样的方法绘制另一个弧形，且调整其尺寸大小和圆心角大小。

图 9-62　两个弧形组成的图形

将两个弧形移动到靠近的位置，组成一个图形，如图 9-62 所示，该图形可形象地显示分布比例、结构比例等情况。

2. 合并与美化形状

（1）两个圆的合并

在幻灯片中分别绘制两个正圆，设置两个圆的填充颜色为不同的颜色，调整两个圆的位置，使其部分相交，选中两个圆，如图 9-63 所示。

在【绘图工具—格式】选项卡的【插入形状】组单击【合并形状】按钮，在弹出的下拉菜单选择【联合】命令，如图 9-64 所示，则两个圆进行联合。

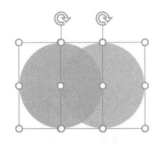

图 9-63　选中两个圆　　　　　　　图 9-64　【合并形状】下拉菜单

在下拉菜单中，还可以选择"组合""拆分""相交""剪除"命令，两个圆各种合并效果如图 9-65 所示。

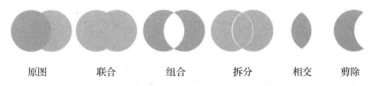

图 9-65　两个圆的各种合并效果

图 9-66　图片填充的半圆形

（2）获取图片填充的半圆形

先分别在幻灯片中绘制一个正圆和一个矩形，调整圆和矩形位置，使矩形的一条边与圆的水平直径重合。然后依次选择圆和矩形，在【合并形状】下拉菜单选择【剪除】命令，即可得到半圆形状。

选中半圆形状，设置形状填充为已有图片，最终的效果如图 9-66 所示。

（3）获取空心的泪滴形状

先分别在幻灯片中绘制一个泪滴形状和一个正圆，调整两个形状至合适位置。然后依次选择泪滴形状和圆，在【合并形状】下拉菜单中选择【剪除】命令，即可得到空心的泪滴形状。

选中空心的泪滴形状,设置形状轮廓的颜色为"白色",设置形状效果为"向下偏移"的阴影,最终的效果如图 9-67 所示。

(4)多种形状的组合形状

先分别在幻灯片中绘制一个正圆和一个剪去单角的矩形,调整两个形状至合适位置。然后选择这两个形状,在【合并形状】下拉菜单中选择【联合】命令,将所选择的两个形状联合。

接着再绘制一个正圆,并设置该圆的填充颜色为"白色",调整该圆至联合形状中的合适位置,并且该圆处于顶层位置,外观如图 9-68 所示。

图 9-67 空心的泪滴形状

图 9-68 多种形状的组合

【引导训练】

【任务 9-3】 创建演示文稿"任务 9-3.pptx",解读"国务院办公厅关于促进电子政务协调发展的指导意见"

【任务描述】

创建演示文稿"任务 9-3.pptx",对"国务院办公厅关于促进电子政务协调发展的指导意见"进行解读,具体要求如下。

(1)幻灯片文字的字体以"微软雅黑"为主,字号根据需要设置不同的字号。

(2)幻灯片文字的颜色以黑色、白色、深红、蓝-灰为主,局部使用灰色等,图片背景颜色以深蓝、深青、深红、蓝-灰为主,局部使用金色、酸橙色、灰色等。

(3)幻灯片大量使用文本框和各种形状的图形,根据需要插入合适的图片。

(4)体验幻灯片母版的设置。

(5)体验幻灯片动画的设置。

【任务实现】

创建演示文稿"任务 9-2.pptx"。

1. 设计母版

在 PowerPoint【视图】选项卡的【幻灯片母版】组中,单击【幻灯片母版】命令按钮,进入母版编辑模式。

(1)默认的版式页面只保留"空白 版式"页面,删除其他的版式页面。"空白 版式"

页面设置为背景纯色填充,背景填充颜色为"灰色-25%,个性色1"。

(2)插入一个新的"幻灯片母版",其版式页面只保留"节标题 版式"页面,删除其他的版式页面。

在【视图】选项卡的【幻灯片母版】组中,单击【母版版式】命令按钮,在弹出的【母版版式】对话框中仅选中"日期""幻灯片编号"占位符复选框,如图9-69所示。

在"幻灯片母版"左上方添加1个矩形,该矩形高度为1.57厘米,宽度为1.21厘米,背景颜色为深蓝色。然后添加宽度为2.25磅的实线条,高度1.57厘米,背景颜色为"黑色,文字1,淡色35%"。

图9-69 【母版版式】对话框

在"幻灯片母版"右上方添加与左上方相同的实线条,然后添加1个矩形,该矩形高度为1.57厘米,宽度为0.18厘米,背景颜色为深蓝色。

在"幻灯片母版"下边添加1个矩形,该矩形高度为1.05厘米,宽度为25.45厘米,背景颜色为"白色,背景1,深色50%"。在该长矩形的左右两侧分别添加1个小矩形,高度为1.05厘米,宽度为1.12厘米,背景颜色为深蓝色。

在下边长矩形靠左侧添加1个文本框,在该文本框中输入文字"国务院办公厅电子政务办公室",文字字体设置为"微软雅黑",大小为"12",颜色为"白色,背景1,深色25%"。

然后设置"日期"占位符"置于底层",设置"幻灯片编号"占位符"置于顶层",设置文本框"置于顶层"。

在"节标题 版式"页面,显示"标题",并设置标题文字的字体为"微软雅黑",大小为"28",并"加粗"。该版式的外观效果如图9-70所示。

图9-70 "节标题 版式"设置效果

2. 设计演示文稿的封面

在【开始】选项卡的【幻灯片】组中,单击【新建幻灯片】按钮,在弹出的下拉菜单中单击"自定义设计方案"的【空白】选项即可,如图9-71所示。在演示文稿中插入封面幻灯片。

图 9-71　单击【空白】选项

在该页面中插入 1 张图片，在图片上设两个文本框中分别输入文字"国务院办公厅关于促进电子政务协调发展的指导意见""解读"。在该幻灯片下方插入文本框输入"文件起草组"。3 个文本框文字的字体、大小和颜色设置完成，演示文稿封面的外观效果如图 9-72 所示。

图 9-72　演示文稿"任务 9-3.pptx"的封面

幻灯片的图片设置为向上浮入和劈裂动画效果；"国务院办公厅关于促进电子政务协调发展的指导意见"对应文本框设置为浮入动画效果；"解读"对应文本框设置为缩放和脉冲动画效果；"文件起草组"对应文本框设置为缩放动画效果。所设置的动画均从上一动画之后开始。

3. 设计演示文稿的目录页面

在图 9-71 所示的【新建幻灯片】下拉菜单中单击"自定义设计方案"的【节标题】选项插入目录幻灯片。

在该幻灯片中插入多种图形（圆形、弧形、燕尾形）、多个文本框和图片，图形的背景颜色分别设置为深红、蓝-灰、深蓝，在文本框中输入相应文本内容，文本框中的文字颜色设置为白色。删除标题占位符后，目录幻灯片的外观效果如图 9-73 所示。

图 9-73　演示文稿"任务 9-3.pptx"目录幻灯片的主体内容

幻灯片的左侧弧形设置为随机线条动画效果，"目录"对应文本框设置为劈裂动画效果，圆形设置为翻转式由远及近动画效果，圆形内部的图片设置为回旋动画效果，燕尾形设置为擦除动画效果，"定位和作用"对应文本框设置为浮入动画效果。其他的圆形、图形、燕尾形和文本框设置相似的动画效果。

4. 设计演示文稿的"定位和作用"内容页面

在演示文稿"任务 9-3.pptx"中新增 1 张幻灯片，在该幻灯片的标题占位符中输入文字"定位和作用"，其版面布局的外观效果如图 9-74 所示。该布局通过插入多种图形（圆形、泪滴形、三角形、L 形、五角星）、线条、椭圆形标注和文本框实现，在各个文本框中输入相应文字内容，根据需要插入必要的图片。

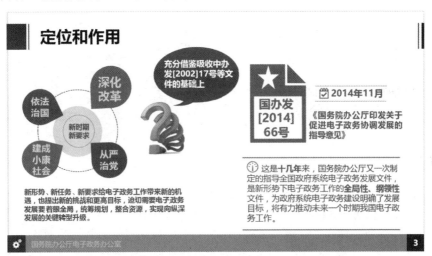

图 9-74　演示文稿"任务 9-3.pptx"的"定位和作用"内容页面

5. 设计演示文稿的"起草背景"内容页面

在演示文稿"任务 9-3.pptx"中新增 1 张幻灯片，在该幻灯片的标题占位符中输入文字"起草背景"，其版面布局和主体内容如图 9-75 所示。该布局通过插入多种图形（圆形、弧形、饼形）、带箭头的线条、虚线线条和文本框实现，在各个文本框中输入相应文字内容，根据需要插入必要的图片。

6. 设计演示文稿的"起草思路"内容页面

在演示文稿"任务 9-3.pptx"中新增 1 张幻灯片，在该幻灯片的标题占位符中输入文字"起草思路"，其版面布局和主体内容如图 9-76 所示。该布局通过插入多种图形（矩形、梯形、三角形、L 形、圆形、剪去单角的矩形）、虚线线条和文本框实现，在各个文本框中输入相应文字内容，根据需要插入必要的图片。

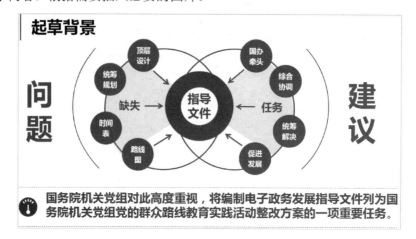

图 9-75　演示文稿"任务 9-3.pptx"的"起草背景"内容页面

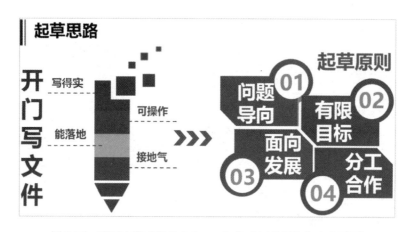

图 9-76　演示文稿"任务 9-3.pptx"的"起草思路"内容页面

7．设计演示文稿的"编制过程"内容页面

在演示文稿"任务 9-3.pptx"中新增 1 张幻灯片，在该幻灯片的标题占位符中输入文字"编制过程"，其版面布局和主体内容如图 9-77 所示，该布局通过插入多种图形（圆形、弧形、矩形、L 形、三角形、五角星）、自由曲线、接点和文本框实现，在各个文本框中输入相应文字内容，根据需要插入必要的图片。

8．设计演示文稿的"总体框架"内容页面

在演示文稿"任务 9-3.pptx"中新增 1 张幻灯片，在该幻灯片的标题占位符中输入文字"总体框架"，其版面布局和主体内容如图 9-78 所示，该布局通过插入多种图形（圆形、带圆形箭头的弧形、燕尾形、同心圆）、带箭头的线条、实线条和文本框实现，在各个文本框中输入相应文字内容。

9．设计演示文稿的"建设成效"内容页面

在演示文稿"任务 9-3.pptx"中新增 1 张幻灯片，在该幻灯片的标题占位符中输入文字"发展现状"，其版面布局和主体内容如图 9-79 所示，该布局通过插入多种图形（圆角矩形标注、圆形）、实线条和文本框实现，在各个文本框中输入相应文字内容，根据需要插入必要的图片。

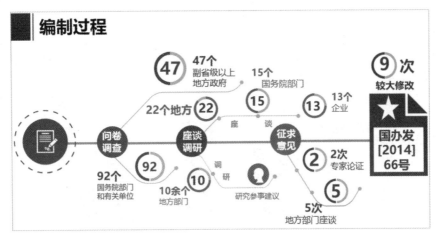

图 9-77　演示文稿"任务 9-3.pptx"的"编制过程"内容页面

图 9-78　演示文稿"任务 9-3.pptx"的"总体框架"内容页面

图 9-79　演示文稿"任务 9-3.pptx"的"建设成效"内容页面

10. 设计演示文稿的"存在问题"内容页面

在演示文稿"任务 9-3.pptx"中新增 1 张幻灯片,在该幻灯片的标题占位符中输入文字"发展现状",其版面布局和主体内容如图 9-80,该布局通过插入多种图形(圆形、同心圆、弧形)、实线条和文本框实现,在各个文本框中输入相应文字内容,根据需要插入必要的图片。

图 9-80　演示文稿"任务 9-3.pptx"的"存在问题"内容页面

11. 设计演示文稿的"目标和原则"内容页面

在演示文稿"任务 9-3.pptx"中新增 1 张幻灯片,在该幻灯片的标题占位符中输入文字"目标和原则",其版面布局和主体内容如图 9-81 所示,该布局通过插入多种图形(圆形、同心圆、燕尾形、肘形箭头连接线)、实线条和文本框实现,在各个文本框中输入相应文字内容,根据需要插入必要的图片。

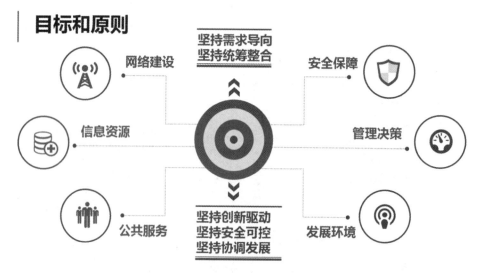

图 9-81　演示文稿"任务 9-3.pptx"的"目标和原则"内容页面

12. 设计演示文稿的"深化应用"内容页面

在演示文稿"任务 9-3.pptx"中新增 1 张幻灯片,在该幻灯片的标题占位符中输入文字

"深化应用",其版面布局和主体内容如图 9-82 所示,该布局通过插入多种图形(圆形、同心圆、燕尾形)、单线实线条、双线实线条和文本框实现,在各个文本框中输入相应文字内容,根据需要插入必要的图片。

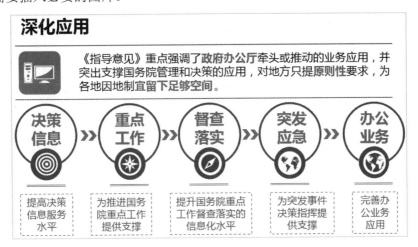

图 9-82　演示文稿"任务 9-3.pptx"的"深化应用"内容页面

13. 设计演示文稿的"保障措施和实施落实"内容页面

在演示文稿"任务 9-3.pptx"中新增 1 张幻灯片,在该幻灯片的标题占位符中输入文字"保障措施和实施落实",其版面布局和主体内容如图 9-83 所示,该布局通过插入矩形、单线实线条、接点和文本框实现,在各个文本框中输入相应文字内容,根据需要插入必要的图片。

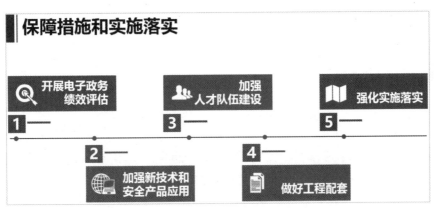

图 9-83　演示文稿"任务 9-3.pptx"的"保障措施和实施落实"内容页面

14. 设计演示文稿的封底页面

在演示文稿"任务 9-3.pptx"中新增 1 张幻灯片,在该幻灯片中插入文本框,文本框中输入"谢谢"和"THANKS",如图 9-84 所示。

图 9-84　演示文稿"任务 9-3.pptx"的封底页面

【创意训练】

【任务9-4】 创建演示文稿"任务9-4.pptx",解读"十三五"规划建议的总思路

提示:请扫描二维码浏览任务描述和操作提示内容。

单元 10　设计与制作景点赏析 PPT

利用计算机可以将照片制作成电子相册,并与朋友分享。PowerPoint 2016 提供了非常强大的"相册"功能,可以让用户快速创建出包含数百张照片的演示文稿。在 PowerPoint 中使用"相册"功能不仅可以制作电子相册,还可以进行产品展示等,并且可以应用丰富多彩的主题、图片样式等使之更具美观性与实用性。

【在线学习】

10.1　幻灯片的图片格式与分辨率

图片是幻灯片中使用频率非常高的元素,幻灯片的图片主要有 3 种作用:一是作为背景使用;二是作为配图使用;三是作为修饰图片。无论图片是哪种用途,高像素、高清晰度的图片,都会使幻灯片的整体视觉效果更好。

通过在线学习熟悉以下基本知识。

(1) PPT 常用的图片格式有哪些?各有哪些优缺点?
(2) 如何通过图片的【属性】对话框查看图片的分辨率属性?
(3) 图片的分辨率如何与显示器的分辨率相匹配?
(4) 图片分辨率是否越高越好?

【方法指导】

10.2　幻灯片的图片选用原则

幻灯片的图片在选用时应遵循以下原则。

(1) 选用高质量、审美效果好的图片

无论图片是哪种用途,保障清晰是首要条件,高像素、高清晰度的图片,会使幻灯片整体视觉效果更好。质量粗糙、模糊不清、低分辨率的图片会使幻灯片整体效果大打折扣。

幻灯片的图片,不仅要求高质量,还要美观大方,配合主体内容。

（2）选用与幻灯片内容匹配的图片

使用图片的一个重要目的在于辅助幻灯片更好地表达观点，提高幻灯片的整体可视化效果。因此在选用图片时不能随意选取，要根据幻灯片的主题来选取合适的、有关联的、能说明问题的图片。这样才能帮助幻灯片更好地向观众传送信息，获取最佳效果。

（3）选用适合模板风格的图片

幻灯片的图片不仅要与幻灯片主题相匹配，在图片的类型、色彩方面还应尽量保持与幻灯片模板风格相近，从而让幻灯片的效果及整体协调性提升到最高水平。

10.3 幻灯片的 SmartArt 图形

在 PowerPoint、Word、Excel 中可以使用 SmartArt 创建各种图形图表。SmartArt 图形是信息和观点的视觉表示形式，可以选择一种合适的布局形式创建 SmartArt 图形，从而快速、轻松、有效地传达信息。

创建 SmartArt 图形时，需要选择一种合适的 SmartArt 图形类型，例如"流程""层次结构""循环""关系"等，每种类型包含不同的布局。

1. 关于 SmartArt 图形的布局

为 SmartArt 图形选择布局时，应明确需要传达什么信息以及是否希望信息以某种特定方式显示。由于可以快速轻松地切换布局，因此可以尝试不同类型的不同布局，直至找到一个最适合的布局为止。当切换布局时，大部分的文字和颜色、样式、效果、文本格式会自动带入新布局中。

由于所需的文字量和形状个数通常能决定外观最佳的布局，因此还要考虑文字量。然而，细节与要点哪个更重要呢？通常，在形状个数和文字量仅限于表示要点时，SmartArt 图形最有效。如果文字量较大，则会分散 SmartArt 图形的视觉吸引力，使这种图形难以直观地传达信息。但某些布局（如"列表"类型中的"梯形列表"），如图 10-1 所示，适用于文字量较大的情况。

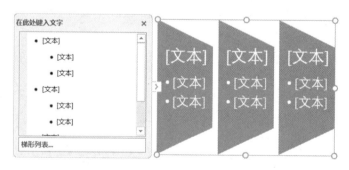

图 10-1　SmartArt 图形的梯形列表

如果找不到所需的准确布局，可以在 SmartArt 图形中添加和删除形状以调整布局结构。例如，虽然"流程"类型的"基本流程"布局显示有三个形状，如图 10-2 所示，但是流程可能需要两个形状，也可能需要五个形状。当添加或删除形状以及编辑文字时，形状的排列和这些形状内的文字量会自动更新，从而保持 SmartArt 图形布局的原始设计和边框。

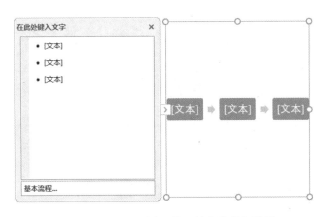

图 10-2　SmartArt 图形的"基本流程"类型

2. 关于 SmartArt 图形的"文本"窗格

可以通过"文本"窗格输入和编辑在 SmartArt 图形中显示的文字。"文本"窗格显示在 SmartArt 图形的左侧。在"文本"窗格中添加和编辑内容时，SmartArt 图形会自动更新，即根据需要添加或删除形状。

创建 SmartArt 图形时，SmartArt 图形及其"文本"窗格由占位符文本填充，可以使用自己的信息替换这些占位符文本。在"文本"窗格顶部，可以编辑将在 SmartArt 图形中显示的文字。在"文本"窗格底部，可以查看有关该 SmartArt 图形的其他信息。

"文本"窗格的工作方式类似于大纲或项目符号列表，该窗格将信息直接映射到 SmartArt 图形。每个 SmartArt 图形定义了它在"文本"窗格中的项目符号与 SmartArt 图形中的一组形状之间的映射。

要在"文本"窗格中新建一行带有项目符号的文本，则按【Enter】键；要在"文本"窗格中缩进一行，则选择要缩进的行，然后在【SmartArt 工具—设计】选项卡的【创建图形】组中单击【降级】按钮；要逆向缩进一行，则单击【升级】按钮；还可以在"文本"窗格中按【Tab】键进行缩进，按【Shift+Tab】键进行逆向缩进。以上任何一项操作都会更新"文本"窗格中的项目符号与 SmartArt 图形布局中的形状之间的映射。不能将上一行的文字降低多级，也不能对顶层形状进行降级。

可以将字符格式（如字体、字号、粗体、斜体和下画线）应用于"文本"窗格中的文字，但在该窗格中不显示字符格式。所有格式更改都会反映在 SmartArt 图形中。

如果由于向某个形状添加了更多文字导致该形状中的字号缩小，则在 SmartArt 图形的其余形状中的其他文字也将缩小到相同字号，使 SmartArt 图形的外观保持一致。选择了某一布局之后，可以将鼠标指针移到功能区中显示的任一其他布局上，从而查看应用该布局时内容将如何显示。

3. 关于 SmartArt 图形的样式、颜色和效果

在【SmartArt 工具—设计】选项卡上，有两个用于快速更改 SmartArt 图形外观的库，即"SmartArt 样式"和"更改颜色"，如图 10-3 所示。将鼠标指针停留在其中任意一个库中的缩略图上时，无须实际应用便可以看到相应 SmartArt 样式或颜色变体对 SmartArt 图形产生的影响。

图 10-3 "SmartArt 样式"和"更改颜色"

SmartArt 样式包括形状填充、边距、阴影、线条样式、渐变和三维透视,并且应用于整个 SmartArt 图形,使用它更易于设置文档和对象的格式。还可以对 SmartArt 图形中的一个或多个形状应用单独的形状样式。

"更改颜色"为 SmartArt 图形提供了各种不同的颜色选项,每个选项可以用不同方式将一种或多种主题颜色应用于 SmartArt 图形中的形状。

将 SmartArt 图形插入到文档中时,它将与文档中的其他内容相匹配。如果更改了文档的"主题",则 SmartArt 图形的外观也将自动更新。

SmartArt 图形的所有部分都是可自定义的,如果 SmartArt 样式库没有理想的填充、线条和效果组合,则可以应用单独的形状样式或者完全由自己来自定义形状。如果形状的大小和位置与实际要求不符,则可以移动形状或调整形状的大小。

可以通过更改 SmartArt 图形的形状或文本填充;通过添加效果(如阴影、反射、发光、柔化边缘);通过添加三维效果(如棱台、旋转)来更改 SmartArt 图形的外观。

4. 关于 SmartArt 图形的动画

为了额外强调或在阶段中显示信息,可以将动画添加到 SmartArt 图形或 SmartArt 图形的单个形状里。例如,可以让形状从屏幕的一端快速地飞入或缓慢地淡入。

在 SmartArt 图形中可用的动画取决于为 SmartArt 图形选择的布局,既可以同时将全部形状制成动画,也可以一次一个形状地制作动画。

【分步训练】

【任务 10-1】 创建展示阿坝美景的演示文稿"任务 10-1.pptx"

【任务描述】

创建演示文稿"任务 10-1.pptx",展示阿坝景区的美景,具体要求如下。

(1)设置好幻灯片母版,在母版中设置封面幻灯片的版式和正文幻灯片的版式。
(2)在该演示文稿中添加多张幻灯片,在各张幻灯片中插入景区图片,输入必要的文字。
(3)根据实际需要,调整幻灯片图片的尺寸、裁剪图片、抠图。
(4)根据实际需要,将幻灯片的图片套用图片样式,设置图片柔化边缘、阴影效果、立体效果。
(5)根据实际需要,对幻灯片图片设置版式。

【任务实现】

创建演示文稿"任务 10-1.pptx",添加 1 张幻灯片。

1. 设置幻灯片母版

在 PowerPoint【视图】选项卡【母版视图】组中单击【幻灯片母版】按钮，进入【幻灯片母版】编辑状态，保留默认幻灯片母版中"空白 版式""图片与标题 版式"，其他版式删除。

（1）设置封面幻灯片的版式

选中"空白 版式"页面，在【幻灯片母版】选项卡【母版版式】组中单击【插入占位符】下拉按钮，在弹出的下拉菜单中单击选择【图片】选项，如图 10-4 所示。然后在"空白 版式"页面按住鼠标左键，拖动鼠标绘制"图片"占位符，调整"图片"占位符的位置和尺寸。

在幻灯片母版视图的左侧幻灯片版式列表中，右键单击"空白 版式"，在弹出的快捷菜单中选择【重命名版式】命令，在弹出的【重命名版式】对话框的"版式名称"文本框输入新名称"封面 版式"，如图 10-5 所示，然后单击【重命名】按钮即可。

图 10-4 在【插入占位符】下拉菜单中选择【图片】选项

（2）设置正文幻灯片的版式

选中"图片与标题 版式"页面，调整"图片"占位符位于页面上方，调整其高度为"15.38 厘米"宽度为"34 厘米"。

将"标题"占位符拖动到页面左下角，设置标题文字字体为"方正粗倩简体"，字号为"40"，颜色为"绿色，个性色 6，深色 50%"。

在"标题"占位符右侧添加 1 个"文本"占位符，设置正文文字字体为"方正卡通简体"，字号为"18"，设置段落的"首行缩进"为"1.27 厘米"，行距为"1.2 倍行距"。

"图片与标题 版式"设置完成的外观效果，如图 10-6 所示。

图 10-5 【重命名版式】对话框

图 10-6 "图片与标题 版式"的外观效果

2. 在幻灯片中插入图片与调整图片尺寸

删除第 1 张幻灯片中默认添加的占位符，在 PowerPoint【插入】选项卡【图像】组单击【图片】按钮，在弹出的【插入图片】对话框中选择待插入的图片"九寨沟—童话世界.jpg"，然后单击【插入】按钮即可将图片插入到幻灯片中。

在幻灯片中选用插入的图片，在【图片工具—格式】选项卡【大小】组中，设置图片的高度和宽度，如图 10-7 所示。

在图片的右下角位置插入一个文本框，该文本框中输入文字"大美阿坝"，设置文字的字体为"方正硬笔行书简体"，字号为"60"。

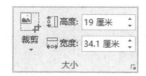

图 10-7 在【图片工具—格式】选项卡【大小】组中设置图片的高度和宽度

说明：这里暂时没有使用幻灯片母版中的"封面 版式"。

3. 在幻灯片中裁剪图片

在【开始】选项卡【幻灯片】组中单击【新建幻灯片】按钮，在弹出的列表中单击【图片与标题 版式】按钮，如图 10-8 所示。即可插入 1 张新幻灯片，其版式为"图片与标题"。

图 10-8 选择"图片与标题 版式"

在该幻灯片中插入图片"九寨沟.jpg"，在标题占位符中输入文字"九寨沟"，在文本占位符中输入九寨沟景区介绍文字。

选中幻灯片中的图片，在【图片工具—格式】选项卡的【大小】组中，单击【裁剪】下拉按钮，在展开的下拉菜单中指向【裁剪为形状】选项，在展开的形状列表中单击选择"基本形状"组的【椭圆】按钮，如图 10-9 所示，即将幻灯片中的图片裁剪为"椭圆"形状。

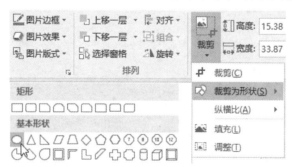

图 10-9 选择【裁剪为形状】命令

对幻灯片的图片、标题文本框、正文文本框进行微调，其外观效果如图 10-10 所示。

4. 在幻灯片中抠图

在演示文稿"任务 10-1.pptx"中插入 1 张幻灯片，在该幻灯片中插入图片"达古冰山.jpeg"，在"标题"占位符中输入文字"达古冰山"，在文本占位符中输入达古冰山景区介绍文字。

图 10-10　幻灯片图片裁剪为椭圆形状

选中幻灯片中插入的图片，在【图片工具—格式】选项卡的【调整】组中单击【删除背景】按钮，此时功能区显示【背景消除】选项卡，如图 10-11 所示。

图 10-11　【图片工具—格式】功能区的【背景消除】选项卡

在幻灯片中选中图片会显示出删除区域和保留区域，变色区域表示删除区域，不变色区域表示保留区域。

（1）标记要保留的区域

用鼠标指针拖动图形中的矩形选择框，首先指定所要保留的大致区域，在【背景消除】选项卡的【优化】组中单击【标记要保留的区域】按钮，然后在图片想保留的变色区域上不断单击，出现⊕标记，直到恢复为本色。

（2）标记要删除的区域

在【背景消除】选项卡的【优化】组中单击【标记要删除的区域】按钮，然后在图片想删除的未变色区域上不断单击，出现⊖标记，直到变色。

标记要保留区域和要删除区域的外观如图 10-12 所示。

设置好保留区域和删除区域后，在【关闭】组单击【保留更改】按钮，即可删除图片不需要的部分。

再一次选中幻灯片中抠图完成的图片，在【图片工具—格式】选项卡的【大小】组中，单击【裁剪】下拉按钮，在展开的下拉菜单选择【裁剪】命令，图片四周将会出现裁剪控制点，通过拖动裁剪控制点至合适位置，得到所需的图片尺寸，如图 10-13 所示。

裁剪掉多余部分后就可得到需要的图片尺寸。

然后在该幻灯片中插入"东措日月海.jpg""一号冰川.jpg""洛格斯神山.jpg" 3 张图片，将这些图片裁剪为"燕尾形""剪去对角的矩形""泪滴形"。调整图片位置，对图片适度进行旋转，设置完成后的外观效果如图 10-14 所示。

图 10-12　标记要保留区域和要删除区域的外观

图 10-13　拖动裁剪控制点至合适位置

图 10-14　抠图得到的图片和多种不同形状的图片

5. 在幻灯片中套用图片样式

在演示文稿"任务 10-1.pptx"中插入 1 张幻灯片，并在该幻灯片中插入图片"黄龙.jpg"，在"标题"占位符中输入文字"黄龙"，在文本占位符中输入黄龙景区介绍文字。

选中幻灯片中的图片，在【图片工具—格式】选项卡的【图片样式】组单击"图片样式"下拉按钮，在展示的图片样式列表中选择"旋转，白色"图片样式，如图 10-15 所示，单击即可应用相应的图片样式。

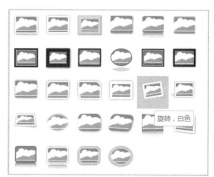
图 10-15　【图片样式】组与选择"旋转，白色"图片样式

套用图片样式的图片如图 10-16 所示。

图 10-16　套用图片样式的图片

6. 柔化幻灯片图片的边缘

在演示文稿"任务 10-1.pptx"中插入 1 张幻灯片，并在该幻灯片中插入图片"花湖.jpg"，在"标题"占位符中输入文字"花湖"，在文本占位符中输入花湖景区介绍文字。

选中幻灯片中的图片，在【图片工具—格式】选项卡的【图片样式】组单击【图片效果】下拉按钮，在展开的下拉菜单中指向【柔化边缘】，并在展开的子菜单中选择【25 磅】选项，如图 10-17 所示。

如果在"柔化边缘"子菜单中没有合适的选项，可以单击【柔化边缘选项】按钮，打开【设置图片格式】界面，在该界面的"柔化边缘"区域通过设置"大小"选项改变图片边缘柔化效果。

图 10-17　在【图片效果】下拉菜单【柔化边缘】的子菜单中选择【25 磅】选项

柔化边缘的图片如图 10-18 所示。

图 10-18　柔化边缘的图片

7. 设置图片的边框与阴影效果

在演示文稿"任务 10-1.pptx"中插入 1 张幻灯片，并在该幻灯片中插入 3 张图片"黄河九曲第一湾 1.jpg""黄河九曲第一湾 2.jpg""黄河九曲第一湾 3.jpg"，在"标题"占位符中输入文字"黄河九曲第一湾"，在文本占位符中输入黄河九曲第一湾景区介绍文字。

（1）设置图片的边框效果

选中幻灯片中的图片，在【图片工具—格式】选项卡的【图片样式】组单击【图片边框】下拉按钮，在展开的下拉菜单中选择主题颜色为"白色"，然后指向【粗细】，在展开的子菜单中选择【4.5 磅】选项，如图 10-19 所示。

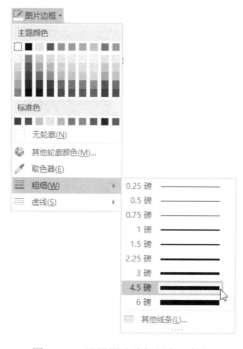

图 10-19　设置图片边框颜色和粗细

（2）设置图片的阴影效果

选中幻灯片图片，在【图片工具—格式】选项卡的【图片样式】组单击【图片效果】下拉按钮，在展开的下拉菜单中指向【阴影】，在展开的子菜单中选择【居中偏移】选项，如图 10-20 所示。

（3）设置图片的尺寸大小和旋转角度

选中幻灯片图片"黄河九曲第一湾 1.jpg"，在【图片工具—格式】选项卡的【大小】组单击【大小和位置】按钮，打开【设置图片格式】界面，并显示【大小】区域，取消"锁定纵横比"复选框的选中状态，设置高度为"10 厘米"、宽度为"15 厘米"、旋转角度为"338°"，如图 10-21 所示。

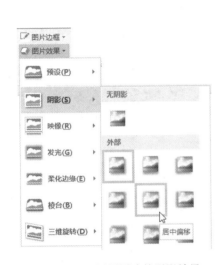 

图 10-20　设置图片的阴影效果　　　　图 10-21　设置图片的尺寸大小和旋转角度

其他两张图片的尺寸大小设置与图 1 相同，旋转角度分别设置为"347°""354°"。

（4）设置图片层次位置

选中图片"黄河九曲第一湾 1.jpg"，在【图片工具—格式】选项卡的【排列】组单击【上移一层】下拉按钮，在展开的下拉菜单中单击【置于顶层】按钮，如图 10-22 所示。

选中图片"黄河九曲第一湾 3.jpg"，在【图片工具—格式】选项卡的【排列】组单击【下移一层】下拉按钮，在展开的下拉菜单中单击【置于底层】按钮，如图 10-23 所示。

图 10-22　在下拉菜单中单击【置于顶层】按钮　　图 10-23　在下拉菜单中单击【置于底层】按钮

设置了边框和阴影效果的多张图片如图 10-24 所示。

8．增强图片的立体感

在演示文稿"任务 10-1.pptx"中插入 1 张幻灯片，并在该幻灯片中插入图片"四姑娘.jpg"，在"标题"占位符中输入文字"四姑娘"，在文本占位符中输入四姑娘景区介绍文字。

图 10-24　设置了边框和阴影效果的多张图片

选中图片,在【图片工具—格式】选项卡的【图片样式】组单击【图片效果】下拉按钮,在展开的下拉菜单中指向【映像】,并在展开的子菜单中选择【紧密映像,4pt 偏移量】选项,如图 10-25 所示。

图 10-25　在【图片效果】下拉菜单【映像】的子菜单中选择【紧密映像,4pt 偏移量】选项

如果【映像】子菜单中没有合适的映像选项,可以单击【映像选项】按钮,打开【设置图片格式】界面,在"映像"区域通过设置"透明度""大小""模糊""距离"参数来调整图片的映像效果。

设置了映像效果的图片如图 10-26 所示。

图 10-26　设置了映像效果的图片

9. 对幻灯片多张图片设置版式

（1）一次性插入多张图片

在演示文稿"任务 10-1.pptx"中插入 1 张幻灯片，并删除幻灯片中的占位符。

在 PowerPoint【插入】选项卡【图像】组单击【图片】按钮，弹出【插入图片】对话框。在该对话框按住【Ctrl】键依次选中所需要的图片，这里分别选中了"毕棚沟.jpg""九顶山.jpg""卡龙沟.jpg"和"月亮湾.jpg"，如图 10-28 所示。

图 10-27　在【插入图片】对话框中按钮【Ctrl】键依次选中多张图片

然后单击【插入】按钮即可将选中的多张图片插入到幻灯片中，一次性插入到幻灯片中的多张图片也呈选中状态。

（2）选用图片版式

在【图片工具—格式】选项卡的【图片样式】组单击【图片版式】按钮，在展示的图片版式列表中选择"水平图片列表"图片版式，单击即可应用相应的图片版式，如图 10-28 所示。

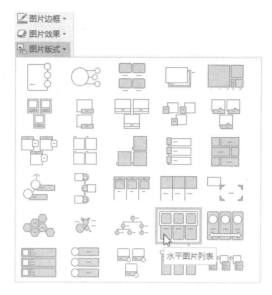

图 10-28　在图片版式列表中选择"水平图片列表"图片版式

（3）输入文字与设置格式

在幻灯片的多个文本占位符中分别输入对应的景区介绍文字，并设置好文字格式，应用了 SmartArt 图片版式的幻灯片效果，如图 10-29 所示。

图 10-29　应用了 SmartArt 图片版式的幻灯片效果

【任务 10-2】 创建演示文稿"任务 10-2.pptx"，熟悉 SmartArt 图形在 PPT 中的应用

【任务描述】

创建演示文稿"任务 10-2.pptx"，熟悉 SmartArt 图形在 PPT 中的应用，具体要求如下。

（1）在幻灯片中插入"射线维恩图"。

（2）在幻灯片中插入"块循环"。

（3）在幻灯片中插入"六边形射线"。

【任务实现】

创建演示文稿"任务 10-2.pptx",在第一张幻灯片中输入文字"绘制与美化 SmartArt 图形",设置字体为"微软雅黑",设置字号为"48"。

1. 在幻灯片中插入"射线维恩图"

在演示文稿"任务 10-2.pptx"中增加一张幻灯片,在【绘图工具—格式】选项卡的【插图】组单击【SmartArt】按钮,打开【选择 SmartArt 图形】对话框。在该对话框【循环】组选择"射线维恩图",如图 10-30 所示,然后单击【确定】按钮关闭对话框,且在幻灯片中插入默认格式的"射线维恩图"。

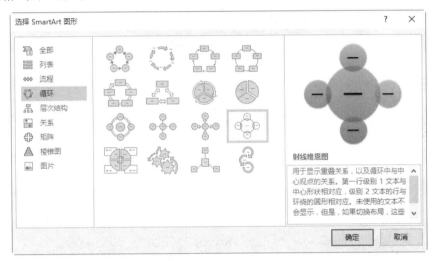

图 10-30　在【选择 SmartArt 图形】对话框【循环】组选择"射线维恩图"

在"射线维恩图"各个圆形的"文本"占位符中输入文字,分别选中各个圆形设置其形状填充颜色和形状轮廓颜色。"射线维恩图"的外观效果如图 10-31 所示。

2. 在幻灯片中插入"块循环"

在演示文稿"任务 10-2.pptx"中增加一张幻灯片,并在【绘图工具—格式】选项卡的【插图】组单击【SmartArt】按钮,打开【选择 SmartArt 图形】对话框。在该对话框【循环】组选择"块循环",单击【确定】按钮关闭对话框,且在幻灯片中插入默认格式的"块循环"。

在"块循环"各个圆形的"文本"占位符中输入文字,分别选中各个圆形和带箭头线条设置其形状填充颜色和形状轮廓颜色。"块循环"的外观效果如图 10-32 所示。

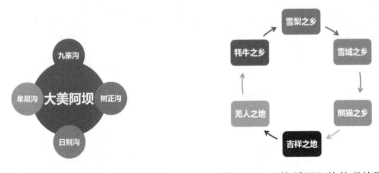

图 10-31　"射线维恩图"的外观效果　　图 10-32　"块循环"的外观效果

3. 在幻灯片中插入"六边形射线"

在演示文稿"任务 10-2.pptx"中增加一张幻灯片，并在该幻灯片中复制或插入"六边形射线"SmartArt 图形，对该 SmartArt 图形执行【取消组合】命令后，设置为并列关系的图形，然后分别设置各个六边形的形状填充图片，最终的外观效果如图 10-33 所示。

图 10-33 "六边形射线"SmartArt 图形的外观效果

【引导训练】

【任务 10-3】 创建展示阿坝旅游风光的相册"任务 10-3.pptx"

【任务描述】

创建演示文稿"任务 10-3.pptx"展示阿坝旅游风光，具体要求如下：
（1）采用批量导入图片的方法创建相册，在各张幻灯片中插入阿坝旅游风光的图片。
（2）图片版式选择"2 张图片(带标题)"，相框形状选择"柔化边缘矩形"，主题选择"Office 主题"。

【任务实现】

在幻灯片中可以直接插入图片或粘贴图片，但如果需要大批量导入图片，并且让每张图片分别显示在独立的幻灯片页面上，可以使用【相册】功能来实现。

启动 PowerPoint，在【插入】选项卡中选择【相册】命令，如图 10-34 所示，打开【相册】对话框，在该对话框中单击【文件/磁盘】按钮，打开【插入新图片】对话框，在该对话框中选择需要导入的图片文件，如图 10-35 所示，然后单击【插入】按钮，返回【相册】对话框。

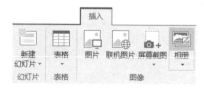

图 10-34 在【插入】选项卡中选择【相册】命令

单元 10　设计与制作景点赏析 PPT

图 10-35　在【插入新图片】对话框中选择需要导入的图片

在【相册】对话框"相册中的图片"列表框中会列出导入的图片，并在其右侧可以预览图片。在对话框【图片版式】中默认为"适应幻灯片尺寸"方式，生成的相册会自动放大图片直到充满整个幻灯片页面（如果图片长宽比例与幻灯片比例不一致，则以能先满足的那一侧为准）。这里在"图片版式"列表中选择"2 张图片(带标题)"选项，如图 10-36 所示。

图 10-36　【相册】对话框中选择图片和图片版式

在【相册】对话框的"相框形状"列表中选择"柔化边缘矩形"选项，如图 10-37 所示。

图 10-37　在"相框形状"列表中选择"柔化边缘矩形"选项

在【相册】对话框【主题】区域单击【浏览】按钮，选择一种合适主题，这里选择"Office 主题"。

最后单击【创建】按钮就可以迅速生成相册式的幻灯片文档。如果觉得主题不合适，可以打开幻灯母版，更换其他主题。

接着输入相册封面和各张幻灯片的标题，设置字体、字号等格式，其中 1 张幻灯片的外观效果如图 10-38 所示。

图 10-38　相册中 1 张幻灯片的外观效果

保存创建的相册，名称为"任务 10-4.pptx"。

【任务 10-4】 创建展示"我的旅程"演示文稿"任务 10-4.pptx"

【任务描述】

创建演示文稿"任务 10-4.pptx"展示"我的旅程"，具体要求如下。
（1）在该演示文稿中添加 11 张幻灯片。
（2）在各张幻灯片中插入图片和文本框，并在文本框中输入需要的文字内容，且设置文字的格式。
（3）在幻灯片中根据需要插入线条，并设置线条的类型、宽度和颜色。
（4）根据需要对幻灯片中的对象设置动画效果。
（5）设置幻灯片的切换效果。

【任务实现】

创建演示文稿"任务 10-4.pptx"。
1. 设计幻灯片
（1）设计第 1 张幻灯片

在演示文稿"任务 10-4.pptx"中添加 1 张幻灯片，并在该幻灯片的上方插入一张图片，调整图片的尺寸大小。然后在下方分别插入一个竖排文本框和一个横排文本框，并在文本框中输入文字内容，设置其格式。第 1 张幻灯片的外观效果如图 10-39 所示。

图 10-39 第 1 张幻灯片的外观效果

（2）设计第 2 张幻灯片

在演示文稿"任务 10-4.pptx"中添加 1 张幻灯片，并在该幻灯片中部插入 5 根线条，第 5 根线条带有箭头，将这 5 根线条首尾相连进行组合。

在该幻灯片中分别插入多个竖排文本框和多个横排文本框，并在文本框中输入文字内容，设置其格式。第 2 张幻灯片的外观效果如图 10-40 所示。

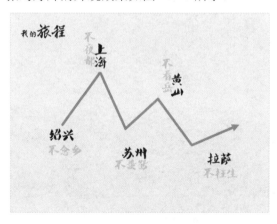

图 10-40 第 2 张幻灯片的外观效果

（3）设计第 3 张幻灯片

在演示文稿"任务 10-4.pptx"中添加 1 张幻灯片，并在该幻灯片中部插入一张图片，调整图片的尺寸大小。在图片的上方和下方分别插入多个文本框，在文本框中输入文字内容，并设置其格式。在"绍兴""绍兴三乌"之间插入一根宽度为 2.25 磅，高度为 2.36 厘米的实线条。

在幻灯片下方插入一根横向排列的 4.5 磅渐变线，其格式设置如图 10-41 所示。

在幻灯片下方再插入一根竖向排列的 4.5 磅实线，其格式设置如图 10-42 所示。

图 10-41　演示文稿"任务 10-4.pptx"第 3 张幻灯片横向排列渐变线的格式设置

图 10-42　演示文稿"任务 10-4.pptx"第 3 张幻灯片竖向排列实线的格式设置

第 3 张幻灯片的外观效果如图 10-43 所示。

图 10-43　第 3 张幻灯片的外观效果

（4）设计第 4 张幻灯片

在演示文稿"任务 10-4.pptx"中添加 1 张幻灯片，并在该幻灯片中部插入一张图片，调整图片的尺寸大小。在图片的上方分别插入多个文本框，并在文本框中输入文字内容，设置其格式。在"上海""外滩夜色"之间插入一根宽度为 2.25 磅，高度为 2.36 厘米的实线条。

在幻灯片右侧插入一根竖向排列的 4.5 磅渐变线,其格式设置如图 10-44 所示。

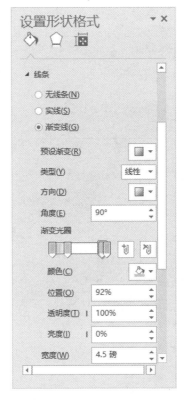

图 10-44　演示文稿"任务 10-4.pptx"第 4 张幻灯片竖向排列渐变线的格式设置

第 4 张幻灯片的外观效果如图 10-45 所示。

图 10-45　第 4 张幻灯片的外观效果

(5) 设计第 5 张幻灯片

在演示文稿"任务 10-4.pptx"中添加 1 张幻灯片,并在该幻灯片左侧插入一张尺寸较大的图片，调整图片的尺寸大小。在该图片的右侧分别插入多个文本框，并在文本框中输入文字内容，设置其格式。在"苏州""七里山塘"之间插入一根宽度为 2.25 磅，高度为 2.36 厘米的实线条。在尺寸大图片的右下角叠放 4 张小图片，用于设置动画效果。

在幻灯片右侧插入一根竖向排列的 4.5 磅渐变线。第 5 张幻灯片的外观效果如图 10-46 所示。

图 10-46　第 5 张幻灯片的外观效果

（6）设计第 6 张幻灯片

在演示文稿"任务 10-4.pptx"中添加 1 张幻灯片，并在该幻灯片中部插入一张图片，调整图片的尺寸大小。在图片的上方和下方分别插入多个文本框，并在文本框中输入文字内容，设置其格式。在"苏州""苏州园林"之间插入一根宽度为 2.25 磅，高度为 2.36 厘米的实线条。

在幻灯片下方和右侧各插入一根竖向排列的 4.5 磅渐变线。第 6 张幻灯片的外观效果如图 10-47 所示。

图 10-47　第 6 张幻灯片的外观效果

（7）设计第 7 张幻灯片

在演示文稿"任务 10-4.pptx"中添加 1 张幻灯片，并在该幻灯片中部插入一张尺寸较大的图片，调整图片的尺寸大小。在该图片的上方插入多个文本框，并在文本框中输入文字内容，设置其格式。在"黄山""一场邂逅"之间插入一根宽度为 2.25 磅，高度为 2.36 厘米的实线条。在尺寸较大图片上多处叠放 5 张云朵图片，用于设置动画效果。

在幻灯片下方插入一根竖向排列的 4.5 磅渐变线。第 7 张幻灯片的外观效果如图 10-48 所示。

图 10-48　第 7 张幻灯片的外观效果

（8）设计第 8 张幻灯片

在演示文稿"任务 10-4.pptx"中添加 1 张幻灯片，并在该幻灯片中部插入一张图片，调整图片的尺寸大小。在图片的上方插入多个文本框，并在文本框中输入文字内容，设置其格式。在"黄山""光明顶上"之间插入一根宽度为 2.25 磅，高度为 2.36 厘米的实线条。

在幻灯片左侧和下方各插入一根竖向排列的 4.5 磅渐变线。第 8 张幻灯片的外观效果如图 10-49 所示。

图 10-49　第 8 张幻灯片的外观效果

(9) 设计第 9 张幻灯片

在演示文稿"任务 10-4.pptx"中添加 1 张幻灯片,并在该幻灯片中部插入一张图片,调整图片的尺寸大小。在图片的上方和下方各插入多个文本框,并在文本框中输入文字内容,设置其格式。在"拉萨""布达拉宫"之间插入一根宽度为 2.25 磅,高度为 2.36 厘米的实线条。

在幻灯片左下角插入一根横向排列和一根竖向排列的 4.5 磅渐变线。第 9 张幻灯片的外观效果如图 10-50 所示。

图 10-50　第 9 张幻灯片的外观效果

(10) 设计第 10 张幻灯片

在演示文稿"任务 10-4.pptx"中添加 1 张幻灯片,并在该幻灯片中部插入一张图片,调整图片的尺寸大小。在图片的上方和下方各插入多个文本框,并在文本框中输入文字内容,设置其格式。在"后记""前方的路"之间插入一根宽度为 2.25 磅,高度为 2.36 厘米的实线条。

第 10 张幻灯片的外观效果如图 10-51 所示。

图 10-51　第 10 张幻灯片的外观效果

(11) 设计第 11 张幻灯片

在演示文稿"任务 10-4.pptx"中添加 1 张幻灯片,并在该幻灯片中插入文本框,在该文本框输入文字,设置其格式,如图 10-52 所示。

图 10-52　第 11 张幻灯片的文字内容

2. 设置幻灯片对象的动画效果

(1) 设置第 2 张幻灯片对象的动画效果

第 2 张幻灯片对象的动画设置要求,如表 10-1 所示。

表 10-1　第 2 张幻灯片中对象的动画设置要求

对象名称	动画名称	开始	持续时间	延迟
线条组合对象	擦除	单击时	06.00	00.00
"绍兴"文本框	淡出	与上一动画同时	00.50	00.00
"不念乡"文本框	擦除	与上一动画同时	00.50	00.20
"上海"文本框	出现	与上一动画同时	自动	00.70
"不夜都"文本框	擦除	与上一动画同时	00.50	00.90
"苏州"文本框	出现	与上一动画同时	自动	02.00
"不羡鸯"文本框	擦除	与上一动画同时	00.50	02.10
"黄山"文本框	出现	与上一动画同时	自动	03.10
"不看岳"文本框	擦除	与上一动画同时	00.50	03.20
"拉萨"文本框	出现	与上一动画同时	自动	04.40
"不枉生"文本框	擦除	与上一动画同时	00.50	04.50

(2) 设置第 5 张幻灯片对象的动画效果

第 5 张幻灯片小图的动画效果包括进入、动作路径和强调。4 张小图片的进入动画均为"出现",开始均为"与上一动画同时",持续时间均为"自动",延迟分别为"00.00""00.10""00.20""00.30"。4 张小图片的动作路径自行绘制,强调动画均为"陀螺旋",持续时间均为"01.00",延迟分别为"00.50""00.10""00.20""00.30"。

(3) 设置第 7 张幻灯片对象的动画效果

第 7 张幻灯片小图的动画效果包括退出和动作路径。5 张小图片的退出动画均为"淡现",开始均为"与上一动画同时",持续时间均为"01.25",延迟均为"00.00"。5 张小图片的动作路径均为"直线",持续时间均为"02.00",延迟均为"00.00"。

3. 设置幻灯片的切换效果

演示文稿"任务 10-4.pptx"中各张幻灯片的切换效果设置,如表 10-2 所示。

表 10-2　演示文稿"任务 10-4.pptx"中各张幻灯片的切换效果设置

幻灯片序号	切换方式	效果选项	幻灯片序号	切换方式	效果选项
2	揭开	自底部	7、8、10	推进	自左侧
3	推进	自右侧	9	推进	自顶部
4、5、6	推进	自底部	11	淡出	平滑

【创意训练】

【任务 10-5】 创建展示西湖十景的相册"任务 10-5.pptx"

提示:请扫描二维码浏览任务描述和操作提示内容。

【任务 10-6】 创建展示九寨沟美景的演示文稿"任务 10-6.pptx"

提示:请扫描二维码浏览任务描述和操作提示内容。

单元 11 设计与制作宣传推广 PPT

使用演示文稿进行宣传推广，具有宣传效果好、感染力强的优势。制作演示文稿时经常会套用相关主题或模板，使用幻灯片母版的主要优点是可以对演示文稿中的幻灯片（包括以后添加到演示文稿中的幻灯片）进行统一的样式设置。

创建演示文稿时，幻灯片风格由主题确定，新增 1 张幻灯片，可以使用当前默认主题，也可以改为其他主题，每一种主题都规定了相应的颜色、字体、效果和背景样式。

【在线学习】

11.1 幻灯片母版与版式

通过在线学习熟悉 PowerPoint 以下操作方法与相关知识。
（1）如何进入或退出母版的编辑模式？
（2）何谓幻灯片版式？如何选用幻灯片版式？
（3）幻灯片占位符有何作用？如何使用占位符？
（4）如何快速设置版式字体？
（5）如何统一设置页脚信息？

11.2 使用主题统一幻灯片风格

通过在线学习熟悉 PowerPoint 以下操作方法与相关知识。
（1）PPT 的主题由哪些要素组成？如何设置 PPT 的主题？
（2）如何快速更换 PPT 的主题？
（3）如何新建自定义 PPT 的主题？
（4）如何设置 PPT 的背景样式？

11.3 快速调整 PPT 字体

通过在线学习熟悉 PowerPoint 以下操作方法与相关知识。
（1）如何使用主题字体快速统一全局字体？

（2）如何通过大纲视图更改字体？
（3）如何通过母版版式更换字体？
（4）PPT 如何直接替换字体？

11.4 调整 PPT 的页面显示比例和页面版式

通过在线学习熟悉 PowerPoint 以下操作方法与相关知识。
（1）如何在【幻灯片大小】对话框中设置幻灯片的页面显示比例？
（2）如何在【幻灯片大小】对话框中选择适合打印输出的版式？

【方法指导】

11.5 更换配色方案

1. 主题配色和配色方案

优秀的配色方案不仅能带来愉悦的视觉感受，还能起到调节页面视觉平衡，突出重点内容等作用。PowerPoint 预置了数十种配色方案，以"主题颜色"的方式提供。

在【设计】选项卡中单击【变体】的下拉按钮，可以在【颜色】列表中选择不同的内置配色方案，但内置的配色方案不能进行自定义的更改。

每一个主题颜色由一组包含 12 种颜色的配置组成，这 12 种颜色所构成的配色方案决定了幻灯片的文字、背景、图形、图形和超链接等对象的默认颜色。通过【新建主题颜色】对话框可以自定义这些颜色的构成，如图 11-1 所示。

主题配色方案的选取决定了调色板的 10 种主题颜色以及不同深浅的衍生颜色的构成，如图 11-2 所示。主题颜色的前 10 种颜色与调色板中的主题颜色对应。

图 11-1 【新建主题颜色】对话框

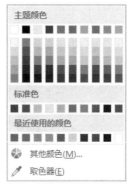

图 11-2 调色板

只要在演示文档中使用了调色板中的主题颜色进行设置的文字、线条、形状、图表、SmartArt 等对象，都会因为主题颜色的更换而随之改变颜色显示。

如果在幻灯片中使用主题颜色进行配色，那么当这个幻灯片被复制到其他 PPT 中，就会自动被新 PPT 的主题颜色所替代。如果希望保留原来的颜色显示，可在粘贴时使用【选择性粘贴】的【保留源格式】功能。如果幻灯片所使用的是手工配置的自定义颜色，那么复制到别处以后仍能保留原来的色彩显示。

2．屏幕取色

PowerPoint 2016 提供了【取色器】，可以在整个屏幕中（鼠标能够到达的位置上）提取颜色，并直接填充到希望设置的形状、边框、底色等一切需要调整颜色的地方。

（1）在幻灯片中先插入待取色的图像或待设置颜色的图形。

（2）选中需要调整颜色的图形，右键单击，在弹出的快捷菜单中选择【设置形状格式】命令，打开【设置形状格式】窗格。

（3）在【设置形状格式】窗格单击【填充颜色】按钮，打开【主题颜色】下拉框，在该下拉框中单击【取色器】。

（4）将"吸管工具"移至幻灯片中待取色的图片区域单击，所选图形即设置为所取颜色。

11.6　主题效果和样式

1．主题效果

幻灯片中所使用到的图片、表格、图表、SmartArt 图形和形状等对象都可以通过"快速样式库"快速设定成不同的样式，形状快速样式库如图 W11-16 所示。这些"样式"主要表现为应用在图形对象上的线条、填充、阴影效果、映像效果等方面的不同外观。

2．主题效果和样式库的关系

通过更换不同的主题效果，可以变换样式库中的不同样式效果。每一个主题效果都分别对应了一组不同的样式效果，并且在形状、图表、SmartArt 等不同对象的样式库中具备一致的效果风格。

3．主题效果的应用

选用同一个主题效果，可以在形状、图表、SmartArt、图片等不同对象上生成风格一致的样式效果。如果选择的主题效果发生改变，上述图形对象的外观样式也会随之发生相应的变化，但依旧可以保持风格一致。

11.7　设计幻灯片模板

一套幻灯片模板通常包括以下基本组成要素：主题色、主题字体、封面版式、封底版式、目录版式、正文版式。还可以有选择地设置主题效果、背景色或背景图案及其他装饰元素。

对于企业的幻灯片模板，主题色还需要考虑与企业的整体视觉形象方案相匹配，装饰元素可以考虑加入企业 Logo 或其他与企业文化相关的素材。

1．选择配色

选择背景颜色和文字颜色，可以使用取色工具来获取所需颜色。

设置好主题颜色后，自定义一套新的主题色，将所选择颜色添加到主题色系中，方便使用。

主题色所设置的颜色可以显示在 PowerPoint 的色板中，因此可以将经常需要用到的颜色添加到自定义的主题色方案中。前 4 种颜色通常用于页面背景，可以深浅色搭配使用。后面 6 种颜色通常用于图形和文字对象。

2. 选择字体

可以考虑比较流行的非衬线体的微软雅黑字体作为主要字体。

在主题中新建主题字体，设置标题和正文的字体方案。

3. 封面页版式设计

封面页设计主要考虑封面标题的位置和样式，可以使用图形或图片加以修饰，但要注意不要喧宾夺主，适当的留白有时候能显得更加大气。

在幻灯片母版视图中可以选中【标题幻灯片】的版式，进行封面版式设计。

4. 目录页版式设计

目录页主要用于放置幻灯片文档的标题。在 PPT 每部分的前后承接位置，一般情况下都需要重复出现目录页以便于提示当前即将进入的逻辑单元，因此目录页也称为转场页，用于不同大纲逻辑段落之间的衔接和过渡。

在幻灯片母版视图中新建一个版式，重命名为"目录页"，进行目录页版式设计。

5. 正文版式设计

设计正文页主要关注文字段落样式和排版，在页面布局上要多考虑留白。有时还要考虑幻灯片页码、页脚的设置。

在幻灯片母版视图中可以选中"标题和内容"版式，进行正文版式设计。

6. 封底版式设计

可以对封面页进行一些变换后得到与之相呼应的封底页。在幻灯片母版视图中新建一个版式，重命名为"封底页"，然后进行封底页版式设计。

除了上述几项基本要素以外，还可以增加表格类、图表类的版式设计，在模板中预先统一图形样式等。

7. 模板保存

模板设置完成后，可以选择【文件】中的【另存为】命令，将模板保存为 PowerPoint 模板文件，以便于分享和应用。

11.8 复制与重用幻灯片

要在当前演示文稿中导入其他演示文稿的幻灯片，通常可以直接采用复制+粘贴的方式实现。

1. 在同一个演示文稿中复制幻灯片

在幻灯片左侧的缩略图上单击右键，并在弹出的快捷菜单中选择【复制幻灯片】命令，如图 11-3 所示。即可完成幻灯片的复制操作，相当于复制+粘贴的方式。

2. 复制幻灯片

在需要复制的幻灯片左侧的缩略图上单击，在【开始】选项卡【剪贴板】组中选择【复制】命令。

然后切换到当前演示文档中，在左侧的 2 张幻灯片缩略图之间，单击右键，在弹出的快捷菜单中有 3 个粘贴选项，分别是"使用目标主题""保留源格式""图片"，如图 11-4 所示，根据需要选择一个粘贴选项即可。

（1）"使用目标主题"：将当前幻灯片中所使用的主题和版式应用到导入的幻灯片中。如果导入的幻灯片所使用颜色和字体来源于源主题字体，则会用当前主题中的相应设置进行替换，采用的版式中如果包含背景，也会被替换。

（2）"保留源格式"：会将源幻灯片中所使用的幻灯片母版和整套版式一同导入当前的演示文档中。粘贴后的幻灯片保留原有的背景、字体、颜色和其他外观样式。

（3）"图片"：在当前幻灯片上粘贴一张与源幻灯片外观完全一致图片，但无法更改和编辑内容。

3. 复制幻灯片页面元素

如果需要从其他幻灯片中复制页面元素，则在源幻灯片中直接选中页面元素进行复制即可。

然后切换到当前编辑的幻灯片页面，单击右键，在"粘贴选项"中包含了 3 种粘贴方式："使用目标主题""保留源格式""图片"，如图 11-5 所示。根据需要选择一个粘贴选项即可。

图 11-3　在幻灯片缩略图的快捷菜单中选择
【复制幻灯片】命令

图 11-4　粘贴幻灯片时的 3 个粘贴选项

图 11-5　粘贴幻灯片页面元素时的 3 个粘贴选项

4. 重用幻灯片

"重用幻灯片"是指在不打开源演示文稿的情况下，直接从其中导入所需的幻灯片。

在 PowerPoint 的【开始】选项卡【幻灯片】组单击【新建幻灯片】按钮，在展开的下拉菜单底部选择【重用幻灯片】命令，如图 11-6 所示。在窗口右侧会出现【重用幻灯片】面板，单击【浏览】按钮，在弹出的下拉菜单中选择【浏览文件】命令，然后在弹出的【浏览】对话框中选择需要导入的演示文档文件，单击【打开】按钮，所选定的演示文稿中所有幻灯片会在【重用幻灯片】面板中显示，如图 11-7 所示。

在【重用幻灯片】面板中单击其中的 1 张幻灯片缩略图，即可将该页幻灯片插入到当前正在编辑的演示文档中。如果需要保留原有的样式，可以选中下方的【保留源格式】复选框。

图 11-6　在【新建幻灯片】下拉菜单中选择【重用幻灯片】

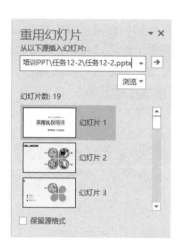

图 11-7　【重用幻灯片】面板

在【重用幻灯片】面板中的幻灯片缩略图上单击右键，在弹出的快捷菜单中有多个选项供选择，如图 11-8 所示，其中【插入所有幻灯片】是指一次性将源演示文档中所有幻灯片插入当前演示文档中；【将主题应用于选定的幻灯片】是指将源文档中的主题应用到当前正处于选中状态的幻灯片上。

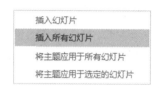

图 11-8　【重用幻灯片】面板的快捷菜单

5. 合并演示文档

如果需要将另一个演示文档的所有幻灯片全部添加到当前文档中，除了前面介绍的【重用幻灯片】的方法，还可以用更快捷的合并功能来实现。

在【审阅】选项卡【比较】组中的选择【比较】命令，在打开的【选择要与当前演示文档合并的文件】对话框中选定需要导入的源文档，如图 11-9 所示。然后单击下方的【合并】命令。接下来在【审阅】选项卡【比较】组中单击【接受】按钮就可以显示导入当前文档中的所有幻灯片，导入的幻灯片会保留原有的样式。最后单击【结束审阅】按钮，确定修改并退出审阅模式。

11.9　使用表格制作时间轴目录

在 PPT 中常见如图 11-10 所示的时间轴目录，通常用来表示演示文稿的目录标题，可以使用表格制作，其中不同颜色或外观效果的色块单元表示当前展示幻灯片的标题。在图 11-10 中第 1 个单元格表示当前展示幻灯片的标题，应用了凹凸效果，整个表格应用了映像效果和阴影效果。

单元 11　设计与制作宣传推广 PPT

图 11-9　【选择要与当前演示文稿合并的文件】对话框

图 11-10　时间轴目录

【分步训练】

【任务 11-1】　创建展示华为系列产品的演示文稿"任务 11-1.pptx"

【任务描述】

创建演示文稿"任务 11-1.pptx",展示华为系列产品,具体要求如下。

(1) 在该演示文稿中添加多张幻灯片,并在各张幻灯片中利用表格展示华为系列产品,输入文字和插入图片。

(2) 利用表格实现各种布局排版功能。

【任务实现】

创建演示文稿"任务 11-1.pptx",添加 1 张幻灯片。

1. 常规表格设计

(1) 插入一个 9 行 2 列表格

在【插入】选项卡【表格】组中单击【表格】按钮,并在展开的表格框内使用鼠标拖动的方法确定合适的表格行列数,如图 11-11 所示。

由于通过拖动鼠标方式确定表格行列数最多只能插入 8 行 10 列的表格,如果插入的表格超过 8 行或 10 列,则可以在展开的【表格】下拉菜单中选择【插入表格】命令,在打开的【插入表格】对话框中设置行数和列数,这里在"列数"数字框输入"2","行数"数字框输入"9",如图 11-12 所示,然后单击【确定】按钮即可插入一个 9 行 2 列的表格,默认格式的表格如图 11-13 所示。

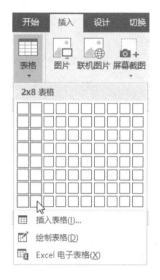

图 11-11 拖动鼠标确定表格行列数

图 11-12 【插入表格】对话框

（2）设置表格的样式与输入文字内容

选中幻灯片表格，在【表格工具—设计】选项卡【表格样式】组单击下拉按钮，展开"表格样式"列表，在"表格样式"列表中选择"无样式,网络型"选项，如图 W11-17 所示。

"无样式,网络型"对应表格外观如图 11-14 所示。

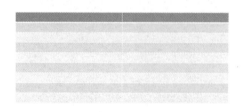

图 11-13 在幻灯片中插入的默认格式表格

图 11-14 "无样式,网络型"对应表格的外观

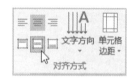

图 11-15 选择【垂直居中】命令

在"表格样式"列表中选择"中等样式,强调 1"，然后在表格的"标题行"及其他各行中输入华为 P10 Plus 手机的参数内容。

（3）设置表格中文本内容的对齐方式

选取表格各个单元格中的文本内容，在【表格工具—布局】选项卡的【对齐方式】组中单击【垂直居中】按钮，设置单元格文字垂直居中，如图 11-15 所示。然后单击【居中】按钮，设置单元格文字水平居中。居中对齐设置完成后的表格外观如图 11-16 所示。

（4）在表格中插入表格名称行

先选中表格中第一行，然后在【表格工具—布局】选项卡的【行和列】组中单击【在上方插入】按钮，如图 11-17 所示，则表格新增一行。

选中新增行的两个单元格，然后在【表格工具—布局】选项卡的【合并】组中单击【合并单元格】按钮，如图 11-18 所示，则新增行的两个单元格合并为一个单元格，设置该合并单元格水平方向和垂直方向均为"居中对齐"。

图 11-16　在表格中输入华为 P10 Plus 手机的参数内容与设置对齐方式

图 11-17　选择【在上方插入】命令　　　　图 11-18　选择【合并单元格】命令

在新增行中输入表格名称"华为 P10 Plus 参数",并设置表格名称的字体、字号和颜色。

(5) 设置表格名称行的行高

选中新增行,在【表格工具—布局】选项卡的【单元格大小】组中的"高度"数字框中输入行高值"1.4 厘米",如图 11-19 所示。

图 11-19　在"高度"数字框中输入行高值"1.4 厘米"

说明: 调整行高或列宽,也可以将鼠标指针置于表格分割线上,通过拖动鼠标调整行高或列宽。

(6) 设置表格中标题行文字颜色和底纹颜色

由于表格中新增了表格名称行,原标题行的文字颜色和底纹颜色自动发生改变,需要重新设置。

选中表格的标题行,在【表格工具—设计】选项卡【表格样式】组单击【底纹】按钮,展开"底纹"列表,在"主题颜色"区域选择"蓝色,个性色 1",如图 11-20 所示。

图 11-20　在"底纹"列表"主题颜色"区域选择"蓝色,个性色 1"

然后在【开始】选项卡【字体】组中设置表格标题行文字颜色为"白色"。

（7）设置表格的线型

选择表格第 2 行至最后行（表格名称不选中），在【表格工具—设计】选项卡【绘制边框】组单击"线宽"下拉按钮，在弹出的线宽列表中选择【1.5 磅】，如图 11-21 所示。表格线型默认为"实线"。

然后在【表格工具—设计】选项卡【表格样式】组单击【边框】下拉按钮，在弹出的边框列表中选择【外侧框线】，如图 11-22 所示。则表格外框线设置为 1.5 磅实线。

继续选择表格第 2 行至最后行，在【表格工具—设计】选项卡【绘制边框】组单击"线宽"下拉按钮，在弹出的线宽列表中选择【0.5 磅】。然后在【表格工具—设计】选项卡【表格样式】组单击【边框】下拉按钮，在弹出的边框列表中选择【内部竖框线】，则表格内部竖框线设置为 0.5 磅实线。

继续选择表格第 2 行至最后行，在【表格工具—设计】选项卡【绘制边框】组单击"线型"下拉按钮，在弹出的线型列表中选择【短划虚线】，如图 11-23 所示。然后在【表格工具—设计】选项卡【表格样式】组单击【边框】下拉按钮，在弹出的边框列表中选择【内部横框线】，则表格内部横框线设置为 0.5 磅短划虚线。

图 11-21　选择线宽　　　　图 11-22　设置边框　　　　图 11-23　选择线型

华为 P10 Plus 手机参数表的最终效果如图 11-24 所示。

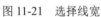

图 11-24　华为 P10 Plus 手机参数表的最终效果

2. 表格的美化设计

（1）插入一个 2 行 3 列的常规表格

在演示文稿"任务 11-1.pptx"中添加 1 张幻灯片，并在该幻灯片中插入一个 2 行 3 列的常规表格。

（2）初步设置 2 行 3 列表格

设置该表格的边框为 2.25 磅实线，每列的宽度为 8.7 厘米。

选中表格中的标题行，在【表格工具—设计】选项卡【表格样式】组中单击【底纹】按钮，展开"底纹"列表，在"主题颜色"区域选择"橙色，个性色 2，淡色 60%"，如图 11-25 所示。

图 11-25　设置底纹颜色

在表格各个单元格中输入所需的文本内容，设置第 2 行各个单元格的文本内容为项目列表，设置表格内文本的字体、字形、字号和对齐方式，2 行 3 列表格的外观效果如图 11-26 所示。

处理器	存储设备	显示屏
• CPU型号Intel 酷睿 i7 7500U • CPU主频2.7GHz • 最高睿频3500MHz • 核心/线程数双核心/四线程 • 制程工艺14nm • 功耗15W	• 内存容量8GB（8GB×1） • 内存类型DDR4 2133MHz • 硬盘容量512GB • 硬盘描述SSD固态硬盘 • 光驱类型无内置光驱	• 触控屏支持十点触控 • 屏幕尺寸13.9英寸 • 显示比例16:9 • 屏幕分辨率1920x1080 • 屏幕技术IPS广视角炫彩屏，三边窄边框全高清IPS触控屏

图 11-26　2 行 3 列表格的外观效果

（3）在表格中插入空列

在 2 行 3 列表格的第 1 列与第 2 列之间插入 1 列，并在第 2 列与第 3 列之间插入 1 列，设置新插入列的宽度为 0.6 厘米，这样 2 行 3 列表格就变成了 2 行 5 列表格。

将新插入列的两个单元格合并，选中合并后的单元格，在【表格工具—设计】选项卡【表格样式】组中单击【边框】下拉按钮，并在弹出的边框列表中选择【上框线】，合并后单元格上框线即被取消。同样选择【下框线】，合并后单元格下框线即被取消。

(4) 设置表格单元格的凹凸效果

选中第 1 行第 1 个单元,在【表格工具—设计】选项卡【表格样式】组中单击【效果】按钮,并在弹出的效果列表中指向【单元格凹凸效果】选项,在其弹出的列表中单击选择【草皮】按钮,如图 11-27 所示。

以同样的方法,设置第 1 行第 3、5 单元为"草皮"凹凸效果。

(5) 设置表格的阴影效果

选择 2 行 5 列表格,在【表格工具—设计】选项卡【表格样式】组中单击【效果】按钮,并在弹出的效果列表中指向【阴影】选项,在其弹出列表的"外部"区域中单击选择【居中偏移】按钮,如图 11-28 所示。

图 11-27 设置表格单元格的凹凸效果

图 11-28 设置表格的阴影效果

设置了单元格凹凸效果和表格阴影效果的表格外观,如图 11-29 所示。

处理器	存储设备	显示屏
• CPU型号Intel 酷睿 i7 7500U • CPU主频2.7GHz • 最高睿频3500MHz • 核心/线程数双核心/四线程 • 制程工艺14nm • 功耗15W	• 内存容量8GB(8GB×1) • 内存类型DDR4 2133MHz • 硬盘容量512GB • 硬盘描述SSD固态硬盘 • 光驱类型无内置光驱	• 触控屏支持十点触控 • 屏幕尺寸13.9英寸 • 显示比例16:9 • 屏幕分辨率1920x1080 • 屏幕技术IPS广视角炫彩屏,三边窄边框全高清IPS触控屏

图 11-29 设置了单元格凹凸效果和表格阴影效果的表格

3. 表格文字排版设计

(1) 插入一个 3 行 2 列表格

在演示文稿"任务 11-1.pptx"中添加 1 张幻灯片,在该幻灯片中插入一个 3 行 2 列的常规表格,并在表格中输入所有封面的文本内容,设置文本的字体、字形、字号和颜色。

(2) 设置表格框线和底纹

设置表格所有框线为 2.25 磅灰色实线,表格第 1 列底纹颜色为"深红",第 1 列所有框线为 2.25 白色实线,3 行 2 列表格的外观效果如图 11-30 所示。

(3) 插入行和列

在表格第 1 行与第 2 行之间插入 1 行,在原第 2 行与原第 3 行之间插入 1 行,在表格第

单元 11 设计与制作宣传推广 PPT

1 列与第 2 列之间插入 1 列，使 3 行 2 列的表格变为 5 行 3 列。

图 11-30 3 行 2 列表格的外观效果

（4）设置表格行高和列宽

将新插入 2 行的字号大小设置为 1，行高设置为 0.33 厘米。表格第 1 列的列宽设置为 5 厘米，第 2 列的字号大小设置为 1，列宽设置为 0.6 厘米，第 3 列的列宽设置为 16 厘米。

（5）设置表格单元格的框线

将新插入列所有单元格设置为"无框线"，新插入行只保留右侧单元格的下框线，其他框线取消。5 行 3 列表格的外观效果如图 11-31 所示。

图 11-31 5 行 3 列表格的外观效果

4．使用表格实现栅格排版

（1）插入一个 4 行 3 列的表格

在演示文稿"任务 11-1.pptx"中添加 1 张幻灯片，并在该幻灯片中插入一个 4 行 3 列的常规表格。

（2）设置表格框线

设置表格第 2 行内部竖框线为 0.75 磅深红色虚线，其他框线取消。

（3）合并单元格

将第 1 行 3 个单元格合并，然后输入文字"精品推荐"，设置文字字体为"微软雅黑"，字号为"28"，字形为"加粗"，文字颜色为"深红"，对齐方式设置为"居中"。

将第 3 行 3 个单元格合并，设置字号为 1，设置行高为 0.33 厘米。

将第 4 行 3 个单元格合并，设置行高为 4 厘米。

（4）插入图片和输入文字

在第 2 行各个单元格分别插入图片和输入文字，并设置文字字体为"微软雅黑"，字号

为 "20"，字形为 "加粗"，对齐方式设置为 "居中"。

在第 4 行合并单元格中插入图片。

使用表格完成栅格排版的外观效果，如图 11-32 所示。

图 11-32　使用表格完成栅格排版的外观效果

5．使用表格设计幻灯片封面

（1）插入一个 4 行 4 列的表格

在演示文稿 "任务 11-1.pptx" 中添加 1 张幻灯片，并在该幻灯片中插入一个 4 行 4 列的常规表格。

（2）对表格进行相关设置

将第 2 行的字号大小设置为 1，行高设置为 0.33 厘米。

将第 2 行第 1 个单元格的底纹颜色设置为 "红色"。

（3）在表格中输入所需的文字

在表格第 1 行的第 1 个单元格中输入 "摄影"，设置字体为 "华康俪金黑 W8(P)"，字号为 "40"，设置该单元格对齐方式为 "水平居中" "底端对齐"。

在表格第 1 行的第 2 个单元格中输入 "更专业的人像摄影" "化繁，不为凡"，设置字体为 "方正硬笔行书简体"，字号为 "20"，设置该单元格对齐方式为 "水平居中" "底端对齐"。

这里为了能看到表格线，设置了 1 磅的框线，表格的外观效果如图 11-33 所示。

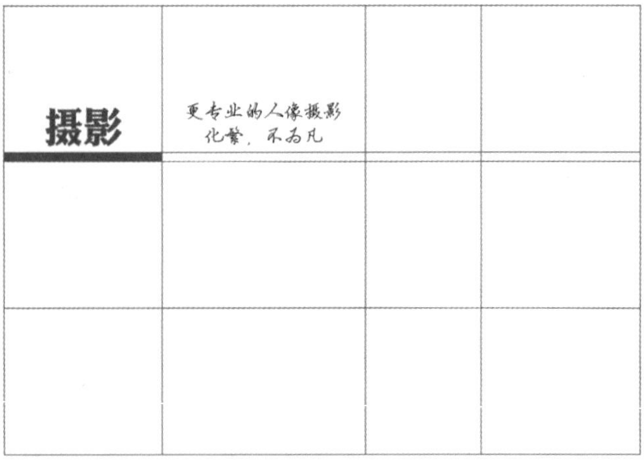

图 11-33　4 行 4 列表格的外观效果

（4）设置表格背景图片

选中 4 行 4 列表格，在【表格工具—设计】选项卡【表格样式】组中单击【底纹】按钮，并在弹出的列表中指向【表格背景】选项，在弹出的列表中选择【图片】命令，如图 11-34 所示。

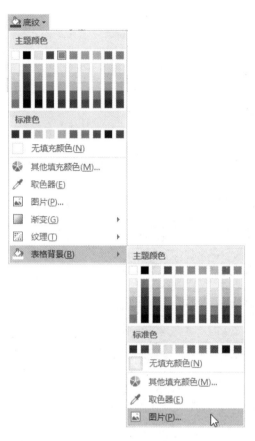

图 11-34　在【表格背景】列表中选择【图片】命令

打开【插入图片】界面，在该界面中单击【浏览】按钮，如图 11-35 所示。

图 11-35　在【插入图片】界面单击【浏览】按钮

打开【插入图片】对话框,在该对话框中选择图片"华为 P10 Plus5.jpg",如图 11-36 所示,然后单击【打开】按钮,即完成表格背景图片的设置。

图 11-36　在【插入图片】对话框选择图片"华为 P10 Plus5.jpg"

取消表格所有框线,设置了背景图片的表格外观效果如图 11-37 所示。

图 11-37　设置了背景图片的表格外观效果

注意:在图 11-37 中有些文字是图片的一部分,有些文字是在表格单元格插入的。

6. 使用表格设计幻灯片目录

(1) 插入一个 6 行 5 列的表格

在演示文稿"任务 11-1.pptx"中添加 1 张幻灯片,并在该幻灯片中插入一个 6 行 5 列的常规表格。

(2) 合并单元格

将表格第 1 列上方的 3 个单元、第 1 列下方的 3 个单元格、第 2 列上方的 3 个单元、第 2 列下方的 3 个单元格、第 3 列所有单元格、第 4 列和第 5 列第 1 行的两个单元分别合并。

(3) 设置列宽和行高

将第 1 列和第 2 列的列宽设置为 4.88 厘米,第 3 列的列宽设置为 1.5 厘米,第 4 列的列宽设置为 3 厘米,第 5 列的列宽度根据内容进行适度调整。将所有行的行高设置为 1.63 厘米。

（4）输入文字与设置格式

将第 1 列上方的合并单元格底纹颜色设置为"蓝色，个性色 1"，第 2 列下方的合并单元格底纹颜色设置为"蓝色，个性色 1，淡色 80%"。

在表格相应的单元格中输入如图 11-38 所示的文本内容。文字"目""录"的字体设置为"方正硬笔行书简体"，字号设置为"87"，对齐方式分别设置为"居中""垂直居中"。数字序号的字体设置为"Algerian"，字号设置为"36"，对齐方式分别设置为"居中""底端对齐"，文字"HUAWEI P10 Plus 推荐"的字体设置为"微软雅黑"，字号设置为"28"，对齐方式设置为"居中""底端对齐"，其他文字的字体设置为"方正硬笔行书简体"，字号设置为"32"，对齐方式分别设置为"居中""底端对齐"。所有边框线设置为"3.0 磅蓝色实线"，表格外观效果如图 11-38 所示。

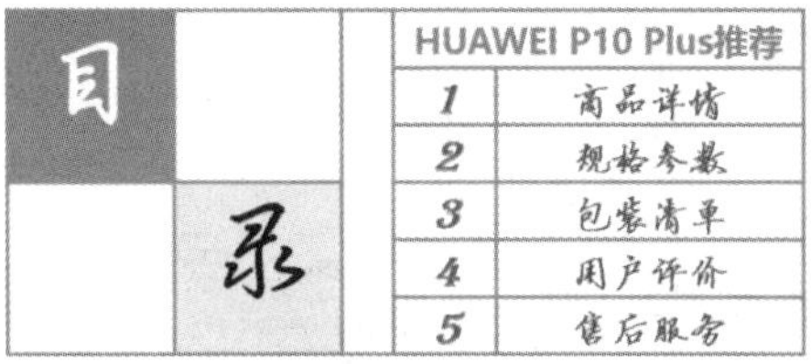

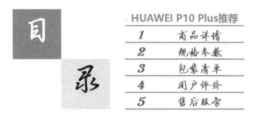

图 11-38　保留全部表格框线的 6 行 5 列表格外观

只保留第 4、5 列下边框线，其他边框取消的表格外观效果，如图 11-39 所示。

图 11-39　只保留第 4、5 列下边框线的 6 行 5 列表格外观

7. 表格形状绘制设计

（1）插入一个 3 行 3 列的表格

在演示文稿"任务 11-1.pptx"中添加 1 张幻灯片，并在该幻灯片中插入一个 3 行 3 列的常规表格。

（2）设置行高和列宽

将第 1、3 行的行高设置为 4 厘米，第 2 行的行高设置为 2.5 厘米。将第 1、3 列的列宽设置为 7.2 厘米，第 2 列的列宽设置为 2.5 厘米。

（3）设置框线

将第 2 行第 1 和第 3 单元格的上下框线、第 2 列第 1 和第 3 单元格的左右框线设置为"2.25 磅红色实线"，其他框线取消，设置完成后形成十字形外观如图 11-40 所示。

将第 1 列第 3 单元格和第 2 列的第 2 单元格的下框线和右框线、第 3 列第 1 单元格下框线设置为"2.25 磅红色实线"，其他框线取消，设置完成后形成阶梯形外观如图 11-41 所示。

（4）插入一个 2 行 4 列的表格

在演示文稿"任务 11-1.pptx"中添加 1 张幻灯片，并在该幻灯片中插入一个 2 行 4 列的常规表格。

图 11-40　十字形外观　　　　　图 11-41　阶梯形外观

（5）设置行高和列宽

将第 1、2 行的行高设置为 1.42 厘米，将第 1 列的列宽设置为 4.3 厘米，第 2、3 列的列宽设置为 0.9 厘米，将第 4 列的列宽设置为 8.4 厘米。

（6）合并单元格

将第 1 列的两个单元格和第 4 列的两个单元格分别合并。

（7）设置框线

将第 1 列合并单元格的左、上、下框线和第 4 列合并单元格的右、上、下框线设置为"2.25 磅红色实线"。

将第 1 行的第 2、3 单元格设置斜下框线，将第 2 行的第 2、3 单元格设置斜上框线，其他框线取消。

图 11-42　箭头外观

设置完成后形成箭头外观如图 11-42 所示。

【引导训练】

【任务 11-2】　创建推广"IU 画频式娱乐社交即时通信软件系统"的演示文稿"任务 11-2.pptx"

【任务描述】

创建演示文稿"任务 11-2.pptx"，推广"IU 画频式娱乐社交即时通信软件系统"，具体要求如下。

（1）创建幻灯片母版，定义 6 种不同的版式，利用表格制作时间轴目录。

（2）在该演示文稿中添加多张幻灯片，分别用于阐述项目背景、项目概述、市场竞争分析、创新优势和系统功能。

（3）在各张幻灯片中输入文字、插入图片和图形，并进行合理布局。

（4）为幻灯片中的对象添加合适的动画效果。

（5）设置幻灯片的切换效果。

【任务实现】

1. 设计幻灯片母版

创建演示文稿"任务 11-2.pptx"，切换到母版视图，默认版式仅保留"空白版式"，删除其他默认版式。

（1）定义第 1 个自定义版式

添加 1 个自定义版式，在该版式中添加如图 11-43 所示的时间轴目录，该时间轴目录可以利用表格制作而成。表格的行高设置为"1.49 厘米",第 1、2、4、5 单元格的列宽设置为"3.2 厘米",第 3 单元格的列宽设置为"4.5 厘米"。其中表格的第 1 个单元格应用了凹凸效果,底纹颜色为"绿色"。

图 11-43　自定义版式 1 中添加的时间轴目录

选中时间轴目录,单击右键,在弹出菜单中选择【设置形状格式】命令,打开【设置形状格式】界面,切换到【大小与属性】选项卡,在"大小"区域设置表格高度为"1.49 厘米",宽度为"17.3 厘米"。在"位置"区域设置水平位置为"2.5 厘米",垂直位置为"0.5 厘米",如图 11-44 所示。

图 11-44　设置时间轴目录的大小和位置

(2)定义第 2 个自定义版式

添加 1 个自定义版式,该版式的背景设置为图片(即使用图片填充效果),接着插入一个尺寸大小与幻灯片相同的矩形,设置该矩形的填充为"渐变填充"。

在矩形上面添加如图 11-45 所示的时间轴目录,表格的第 2 个单元格应用了凹凸效果,底纹颜色为"深蓝"。

图 11-45　在自定义版式 2 中添加的时间轴目录

(3) 定义第 3 个自定义版式

第 3 个自定义版式与第 2 个自定义版式类似,其中背景图片不同,添加的时间轴目录如图 11-46 所示,表格的第 3 个单元格应用了凹凸效果,底纹颜色为 "粉红"。

图 11-46　在自定义版式 3 中添加的时间轴目录

(4) 定义第 4 个自定义版式

第 4 个自定义版式与第 2 个自定义版式类似,只是背景图片不同,添加的时间轴目录如图 11-47 所示,表格的第 4 个单元格应用了凹凸效果,底纹颜色为 "深黄"。

图 11-47　在自定义版式 4 中添加的时间轴目录

(5) 定义第 5 个自定义版式

添加 1 个自定义版式,该版式的背景设置为图片(即使用图片填充效果),接着插入一个尺寸大小与幻灯片相同的矩形,设置该矩形的填充为 "渐变填充"。

在矩形上面添加如图 11-48 所示的时间轴目录,表格的第 5 个单元格应用了凹凸效果,底纹颜色为 "青绿"。

在矩形上面添加一根长度为 22 厘米的 1 磅水平实线条,水平位置为 1.5 厘米,垂直位置为 3.15 厘米。在该线条右侧下方添加一个小矩形,其高度为 0.13 厘米,宽度为 1.28 厘米,水平位置为 22.22 厘米,垂直位置为 3.15 厘米。

在实线条下方添加一根长度为 8.6 厘米的 1 磅竖直圆点虚线条,水平位置为 5.3 厘米,垂直位置为 3.14 厘米。

在幻灯片左侧添加文本框 1,文本框中输入文字 "客户端",设置文字字体为 "微软雅黑",字号为 "18",字形为 "加粗"。该文本框的高度为 1.03 厘米,宽度为 2.44 厘米,水平位置为 1.84 厘米,垂直位置为 4.17 厘米。

在幻灯片左侧再添加文本框 2,文本框中输入文字 "爱邮网",文本框 2 的其他设置与文本框 1 相同,垂直位置设置为 6.54 厘米,位于前一个文本框的下方。

在前面添加的文本框 1 和文本框 2 之间添加文本框 3,在文本框中输入文字 "功能划分",设置文字字体为 "微软雅黑",字号为 "16"。该文本框的高度为 0.94 厘米,宽度为 2.79 厘米,水平位置为 2.51 厘米,垂直位置为 5 厘米。

在文本框 1 和文本框 3 之间添加 1 磅圆点虚肘形连接符,其高度为 0.36 厘米,宽度为 0.4 厘米,水平位置为 2.3 厘米,垂直位置为 5.12 厘米。

自定义版式 5 的布局与组成如图 11-48 所示。

2. 设计封面幻灯片

在演示文稿 "任务 11-2.pptx" 中添加源自 "空白 版式" 的幻灯片,设置该幻灯片的填充背景为图片,在背景图片上面添加 2 个文本框,分别输入文字 "IU 画频式娱乐社交即时通信软件系统" "沟通拉进你我·创意改变未来"。

单元 11　设计与制作宣传推广 PPT

图 11-48　自定义版式 5 的布局与组成

在幻灯片下方添加 2 个"波形"形状，波形形状四周有 8 个空心圆形定位点可以调整波形的大小及其波幅，侧面和底部的两个黄色实心锚点可以分别调整波形的弯曲程序和倾斜度，波形的填充颜色分别设置为"蓝色""浅蓝"，如图 11-49 所示。

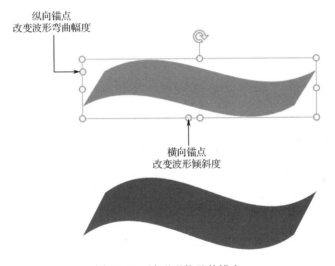

图 11-49　波形形状及其锚点

调整波形形状的弯曲程度和倾斜度，封面幻灯片的外观效果如图 11-50 所示。

图 11-50　封面幻灯片的外观效果

3. 设计第 2 张幻灯片

在演示文稿"任务 11-2.pptx"中添加源自"1_自定义版式"的幻灯片，在该幻灯片插入 4 张图片和一个椭圆，设置该椭圆的形状轮廓的颜色和粗细。第 2 张幻灯片的主体布局与组成如图 11-51 所示。

图 11-51　在第 2 张幻灯片中添加的图片和椭圆形状

设置第 2 张幻灯片中上方三张图片的进入动画为"浮入"，开始于"单击时"；椭圆进入动画为"展开"，开始于"单击时"；下方文字图片进入动画为"浮入"，开始于"上一动画之后"。

4. 设计第 3 张幻灯片

在演示文稿"任务 11-2.pptx"中添加源自"2_自定义版式"的幻灯片，第 3 张幻灯片的主体布局与组成如图 11-52 所示。

第 3 张幻灯片很有特色，该幻灯片中的人形状、手机形状、个人电脑形状、主机形状是由多个不同形状组成。还包括 2 根带箭头的线条和 1 个文本框。

图 11-52　第 3 张幻灯片的主体布局与组成

5. 设计第 4 张幻灯片

在演示文稿"任务 11-2.pptx"添加源自"2_自定义版式"的幻灯片，第 4 张幻灯片的主体布局与组成如图 11-53 所示。

图 11-53　第 4 张幻灯片的主体布局与组成

第 4 张幻灯片包括 2 张图片、2 个正圆、3 个文本框,分别在文本框中输入文字,且设置文字的字体、字号、字形、颜色和行距等格式。

6. 设计第 5 张幻灯片

在演示文稿"任务 11-2.pptx"中添加源自"3_自定义版式"的幻灯片,第 5 张幻灯片的主体布局与组成如图 11-54 所示。

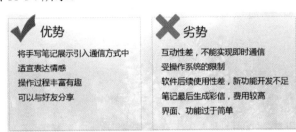

图 11-54 第 5 张幻灯片的主体布局与组成

第 5 张幻灯片包括 2 张图片、2 个文本框,分别在文本框中输入文字,且设置文字的字体、字号、字形、颜色和行距等格式。

7. 设计第 6 张幻灯片

在演示文稿"任务 11-2.pptx"中添加源自"4_自定义版式"的幻灯片,第 6 张幻灯片的主体布局与组成如图 11-55 所示。

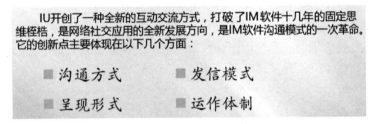

图 11-55 第 6 张幻灯片的主体布局与组成

第 6 张幻灯片包括 3 个文本框,分别在文本框中输入文字,且设置文字的字体、字号、字形、颜色和行距等格式。将幻灯片下方两个文本框的文本内容设置为项目列表。

设置项目列表文字进入动画为"淡出",开始于"单击时"。

8. 设计第 7 张幻灯片

在演示文稿"任务 11-2.pptx"中添加源自"5_自定义版式"的幻灯片,第 7 张幻灯片的主体布局与组成如图 11-56 所示。

图 11-56 第 7 张幻灯片的主体布局与组成

第 7 张幻灯片包括 2 个小三角形、6 个圆形和 8 个文本框，分别在文本框中输入文字，且设置文字的字体、字号、字形和颜色等格式。2 个小三角形的填充颜色设置为浅蓝色。

设置圆形和文本框的组合体进入动画为"浮动"，开始于"与上一动画同时"。

9. 设计第 8 幻灯片

在演示文稿"任务 11-2.pptx"中添加源自"5_自定义版式"的幻灯片，第 8 张幻灯片的主体布局与组成如图 11-57 所示。

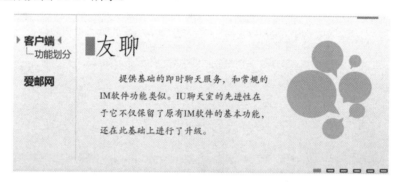

图 11-57　第 8 张幻灯片的主体布局与组成

第 8 张幻灯片包括 2 个小三角形、2 个文本框、7 个小矩形和 6 个椭圆形标注，分别在文本框中输入文字，且设置文字的字体、字号、字形、颜色和行距等格式。调整椭圆形标注的位置的方向。1 个矩形和 2 个小三角形的填充颜色设置为浅蓝色。

10. 设计第 9 张幻灯片

在演示文稿"任务 11-2.pptx"中添加源自"5_自定义版式"的幻灯片，第 9 张幻灯片的主体布局与组成如图 11-58 所示。

图 11-58　第 9 张幻灯片的主体布局与组成

第 9 张幻灯片包括 5 张图片、2 个小三角形、3 个文本框、7 个小矩形、1 个心形和 4 个由矩形和梯形组合的形状，分别在文本框中输入文字"随身信箱""!!!""~\（≧▽≦）/~"，且设置文字的字体、字号、字形和颜色等格式。1 个矩形和 2 个小三角形的填充颜色设置为浅蓝色。

设置 4 个组合形状的进入动画为"淡出"，开始于"单击时"；动作路径为"弧形"，持续时间为"01.50"，开始于"上一动画之后"；设置心形和下方两文本框的进入动画为"出现"，开始于"上一动画之后"，强调动画为"闪烁"，开始于"与上一动画同时"，持续时间为"00.10"。

11. 设计第 10 张幻灯片

在演示文稿"任务 11-2.pptx"中添加源自"5_自定义版式"的幻灯片，第 10 幻灯片的主体布局与组成如图 11-59 所示。

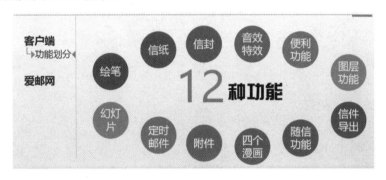

图 11-59　第 10 张幻灯片的主体布局与组成

第 10 张幻灯片包括 2 个小三角形、14 个文本框和 12 个圆形，分别在文本框中输入文字，且设置文字的字体、字号、字形和颜色等格式。2 个小三角形的填充颜色设置为浅蓝色。

设置圆形和文本框的组合体进入动画为"浮入"，开始于"与上一动画同时"。

12. 设计第 11 张幻灯片

在演示文稿"任务 11-2.pptx"中添加源自"5_自定义版式"的幻灯片，第 11 张幻灯片的主体布局与组成如图 11-60 所示。

图 11-60　第 11 张幻灯片的主体布局与组成

第 11 张幻灯片包括 2 个小三角形、1 个矩形、1 个文本框和 4 张图片，在文本框中输入文字，且设置文字的字体、字号、字形和颜色等格式。调整 4 张图片摆放的位置和方向。1 个矩形和 2 个小三角形的填充颜色设置为浅蓝色。

13. 设计第 12 张幻灯片

在演示文稿"任务 11-2.pptx"中添加源自"5_自定义版式"的幻灯片，第 12 幻灯片的主体布局与组成如图 11-61 所示。

第 12 张幻灯片包括 2 个小三角形、1 个矩形、2 个文本框、6 张图片和 6 个由矩形和梯形组合而成的组合体，在文本框中输入文字，且设置文字的字体、字号、字形和颜色等格式。调整 6 张图片摆放位置和方向，调整组合体的尺寸大小、位置和方向，使矩形边框与图片四边重合。1 个矩形和 2 个小三角形的填充颜色设置为浅蓝色。

图 11-61　第 12 张幻灯片的主体布局与组成

14. 设计第 13 张幻灯片

在演示文稿"任务 11-2.pptx"中添加源自"5_自定义版式"的幻灯片，第 13 幻灯片的主体布局与组成如图 11-62 所示。

图 11-62　第 13 张幻灯片的主体布局与组成

第 13 张幻灯片包括 2 个小三角形、2 个矩形、4 个文本框和 4 个三角形，在文本框中输入文字，且设置文字的字体、字号、字形和颜色等格式。调整三角形和矩形的摆放位置和方向，3 个三角形的填充颜色设置为黑色，1 个三角形的填充颜色设置为白色，1 个矩形和 2 个小三角形的填充颜色设置为浅蓝色。

15. 设计第 14 张幻灯片

在演示文稿"任务 11-2.pptx"中添加源自"5_自定义版式"的幻灯片，第 14 幻灯片的主体布局与组成如图 11-63 所示。

图 11-63　第 14 张幻灯片的主体布局与组成

第 14 张幻灯片包括 2 个小三角形、2 个矩形、1 个文本框和 5 张图片，在文本框中输入文字，且设置文字的字体、字号、字形和颜色等格式。1 个矩形和 2 个小三角形的填充颜色设置为浅蓝色。

设置 1 个矩形和 4 张图片呈现层次排列状态，矩形的填充颜色设置为浅蓝，轮廓边框设置为 0.75 磅实线，边框颜色为"黑色，文字 1，淡色 25%"。另外 4 张图片的图片边框设置为 0.75 磅实线，边框颜色为"黑色，文字 1，淡色 25%"。

1 个矩形的形状效果设置为"右向对比透视"三维旋转，如图 11-64 所示。

4 张图片的形状效果也设置为"右向对比透视"三维旋转。

16. 设计第 15 张幻灯片

在演示文稿"任务 11-2.pptx"中添加源自"空白 版式"的幻灯片，设置该幻灯片的填充背景为图片，在背景图片上面添加 1 张文字图片，如图 11-65 所示。

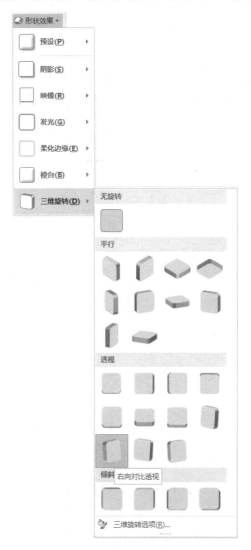

图 11-64 设置形状效果为"右向对比透视"三维旋转

图 11-65 第 15 张幻灯片的主体布局与组成

【创意训练】

【任务 11-3】 创建演示文稿"任务 11-3.pptx",熟悉表格在 PPT 中的应用

提示:请扫描二维码浏览任务描述和操作提示内容。

【任务 11-4】 创建推介"可口可乐的颠覆式社交传播方式"的演示文稿"任务 11-4.pptx"

提示:请扫描二维码浏览任务描述和操作提示内容。

单元 12

设计与制作
教学培训 PPT

利用 PowerPoint 2016 提供的幻灯片设计功能，既可以设计出能把主题表达得淋漓尽致、声情并茂的幻灯片，也可以为幻灯片的对象设置动画效果让对象在放映时具有动态效果，还可以创建交互式演示文稿，实现放映时的快捷切换。

【在线学习】

12.1 设置与应用幻灯片动画

通过在线学习熟悉 PowerPoint 以下操作方法与相关知识。
（1）如何为幻灯片对象添加单个动画？
（2）如何为幻灯片对象添加多个动画？
（3）如何为幻灯片动画设置效果选项？
（4）如何为幻灯片动画设置计时？

【方法指导】

12.2 设计与制作 PPT 的基本原则

1. 内容的逻辑性是 PPT 的生命

PPT 是一种辅助表达的工具，其目的是让 PPT 的受众者能够快速地抓住表达的要点和重点。因此，好的 PPT 一定要思路清晰、逻辑明确、重点突出、观点鲜明。这是最基本的要求。因此，在 PPT 的构思阶段，就要先拟好大纲，设计好内容的逻辑结构。如果是由现成的文字内容转制 PPT，则要对文字进行提炼，使之精简化、层次化、框架化。

如果幻灯片中展示的内容杂乱，则难以记忆且无说服力，如图 12-1 所示。如果幻灯片展示的内容结构清晰明朗、连贯，则易于记忆且以理服人，如图 12-2 所示。

2. 表达的内容可视化呈现

把自己想要表达的内容通过 PPT 以受众者最容易理解的形式表现出来，使内容呈现一目了然，简洁明了的效果。相对于文字，大脑更喜欢图形，放的信息越多，受众者越不一定记住。对于图 12-3 的三种表达方式，效果最好的是图表，最差的是纯文字。

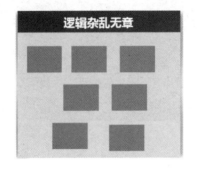 

图 12-1　逻辑杂乱无章　　　　　　图 12-2　结构清晰明朗

图 12-3　比较文、表、图三种表达方式

3．PPT 设计的四原则

PPT 设计的四原则是对齐、对比、聚拢和统一，如图 12-4 所示。

图 12-4　PPT 设计的四原则

（1）对齐

幻灯片常见的对齐方式是左对齐、居中对齐和右对齐，如图 12-5 所示，在制作 PPT 时应根据需要灵活使用对齐方式。

图 12-5　幻灯片常见的对齐方式

(2)对比

幻灯片的内容通过大小、颜色、形状、深浅和距离产生对比效果,如图12-6所示。

图12-6 幻灯片的内容产生对比的途径和方式

(3)聚拢

幻灯片中相关的内容尽量聚拢在一起,不相关的内容尽量分开,如图12-7所示。

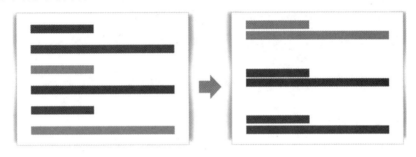

图12-7 幻灯片中相关内容的聚拢效果

(4)统一

演示文稿的多张幻灯片尽量使用一致的风格、一致的排版、一致的字体、一致的配色,如图12-8所示为3种不同的排版风格,尽量使用统一的风格。

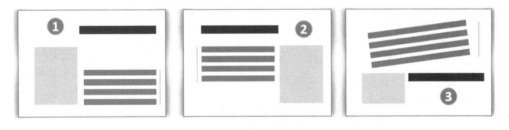

图12-8 幻灯片的排版风格

12.3 幻灯片动画设计的基本原则

幻灯片的动画并不能盲目随意地设置,需要遵循一定的原则才能制作出吸引观众的幻灯片动画。设计动画要遵循如下原则。

(1)顺序原则

这指文字、图形元素和出现的方式,为使幻灯片内容有条理地展现给观众,一般需要幻灯片对象逐个显示。

(2)强调原则

当幻灯片中有需要重点强调的内容时,动画就可以发挥很大的作用。使用动画可以吸引观众的注意力,达到强调的效果。

(3) 简化原则

有时页面元素太多，幻灯片会显得复杂拥挤，使用动画可以清晰、有条理地展示出幻灯片的内容，化整为零，让观众跟着动画的节奏，一步步看完全部内容。

(4) 展现原则

文字无法准确描述展现的内容，可以通过动画将原则、逻辑关系等清晰生动地在观众面前展示出来。

12.4 设计与制作 PPT 的基本步骤

1. 深思熟虑

(1) 明确目的：明确制作 PPT 的真正目的，为什么要做这个 PPT？

(2) 分析受众：受众是谁？受众想要听什么？受众怎样才能更多、更好地记住这个展示？

(3) 确定形式及内容：根据前面的问题确定展示的内容、形式、风格等。

2. 构思设计

一般在纸上完成以下各步后再开始动手做 PPT。

(1) 解读内容。对拟展示的内容进行分析、解读，明确主题和关键要点。

(2) 收集材料。"巧妇难为无米之炊"，是否拥有一个"好又多"的素材库是决定能否快速制作一个赏心悦目 PPT 的关键，这些素材来自于哪里呢？浩瀚的互联网提供了巨大的素材仓库。如锐普 PPT 论坛（http://www.rapidbbs.cn/）、站长网 PPT 资源（http://sc.chinaz.com/ppt/）、站长网高清图片（http://sc.chinaz.com/tupian/）、淘图网（http://www.taopic.com/）、我喜欢网（http:// www.woxihuan.com/），另外还有百度与谷歌图片搜索、新浪微盘与百度文库等文档分享平台下载等。

(3) 组织思路。构思 PPT 的主线和展现思路，从受众的角度思考设计 PPT，受众最大程度的决定 PPT 的主题、内容和风格。

(4) 拟好大纲。梳理清 PPT 的逻辑主线。

(5) 分配内容。按重要和复杂程度分配内容页面。

(6) 提炼文案。文案内容要一语中的，简洁有趣。

3. 视觉呈现

视觉呈现就是把无趣的文字变成精美的 PPT，PPT 的基本结构由封面页、目录页、过渡页、内容页、封底页组成。开始做 PPT 时，不要着急做每一页的内容，要先设计好 PPT 的几个关键页面。

(1) 美化排版

对字体、字号、颜色进行优化，通过对齐、对比、聚拢、统一的方法进行美化排版，达到让受众看起来条理清晰的目的。

如图 12-9 所示左侧的内容看起来就比较零乱无序，关键词不突出。调整为右侧的排版效果，令人看起来简洁、明了、有序。

如果文字太多、文字少又没有图片资源，或者需要进行"留白"艺术处理的时候，就需要用纯文字排版，纯文字排版比图文排版更难一些。

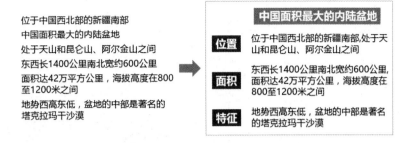

图 12-9　幻灯片内容的聚拢与对比

为了更好地辅助表达，在 PPT 设计中常采用大量图片、图表来增加信息量，使信息更为直观。可通过千图网、昵图网、素材中国、懒人图库、素材天下等图片专用网站搜索获得或购买所需的图片，还可以使用美图秀秀、光影魔术手、Photoshop 等工具对图片进行美化加工。

正文内容常见的排列方式有对齐、居中、平均分布，如图 12-10 所示。

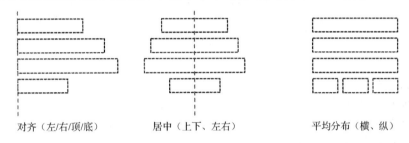

图 12-10　正文内容常见的排列方式

（2）检查修改

从头到尾播放一次，看有无错别字、版面错误；调整排版、配色、配图等，使风格一致；试着对 PPT 进行演讲，纠正逻辑不顺的地方；根据演讲需要添加动画、嵌入或保存字体。

12.5　设计幻灯片的版面

12.5.1　幻灯片版面设计的基本原则

幻灯片版面设计应遵循以下基本原则。
（1）符合人们的视觉习惯，文字一般设置左对齐。
（2）整个演示文稿文字的色彩、样式、字号保持统一。
（3）幻灯片文字大小、图片大小适中。
（4）幻灯片内容不能太挤，适度留白，版面简洁。
（5）在母版中设置版式，形成统一的格式。
（6）为所有的幻灯片添加 LOGO 图片。

12.5.2 设计封面页

常见的 PPT 封面类型有文字型、半图型、全图型、创意型等，封面标题要引起受众兴趣，通过视觉冲击吸引受众目光，如图 12-11、图 12-12 所示。

　　图 12-11　文字型封面　　　　　　　　　图 12-12　半图型封面

一般商务用 PPT 都有公司统一的封面、封底格式，这种类型的 PPT 是不需要设计封面、封底的。甚至有的公司对 PPT 的标题栏、图表、动画、字体、颜色等都有统一的要求，这样就免去了整体设计环节，只需要设计内容版面就行了，但这样往往也限制了设计的创新思维。

封面设计的基本要点如下。

（1）封面设计要素一般是图片、图形、图标、文字、艺术字。

（2）封面要简约、大方；突出主标题，弱化副标题和作者姓名；高端水平还要求有设计或艺术感。

（3）图片内容要尽可能和主题相关，或者接近，避免毫无关联的引用。

（4）封面图片的颜色尽量和 PPT 整体风格保持一致。

（5）封面是一个独立的页面，可在母版中设计，如果母版有统一的风格页面，可在其对应的母版页覆盖一个背景框。

12.5.3 设计目录页

目录页是通过明确的目录纲要展现 PPT 的主要内容，目录导航要体现演示文稿的主要内容，标明演讲进度。常见的目录页设计形式有传统型、图文型、图表型和创意型，如图 12-13 至图 12-16 所示。

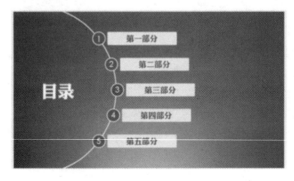

图 12-13　传统型目录

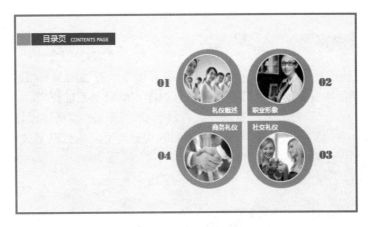

图 12-14　图文型目录

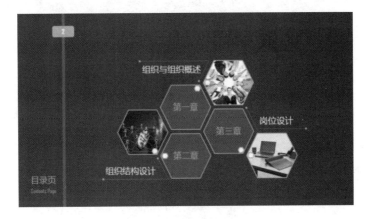

图 12-15　图表型目录

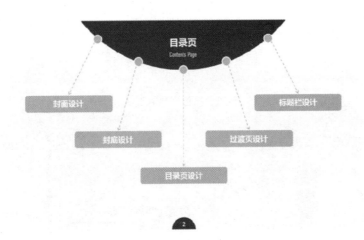

图 12-16　创意型目录

在 PPT 中要求能够显示当前页数，因此必须在母版中设计页码，设计的方法是找一个有页码的 PPT，将其母版页码所对应的"<#>"符号复制到需要放页码的母版中对应位置就可以了。

12.5.4 设计过渡页

一个 PPT 往往包含多个部分，在不同内容之间如果没有过渡页，则缺少衔接，容易显得突兀，不利于观众接受。而恰当的过渡页则可以起到承前启后的作用。

不仅仅是 PPT，一般的书籍、杂志都会有过渡页。通过过渡页可以让受众者随时了解 PPT 的内容进度，常见的过渡页设计形式有纯标题式过渡页、颜色凸显式过渡页、标题+纲要式过渡页等，如图 12-17 至图 12-19 所示。

图 12-17　纯标题式过渡页

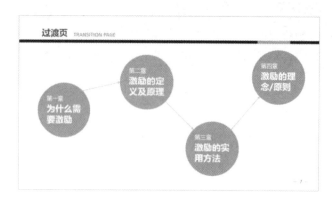

图 12-18　颜色凸显式过渡页

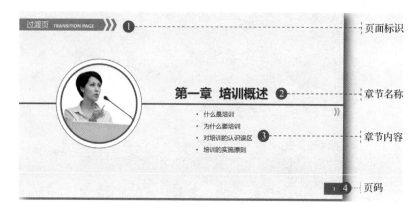

图 12-19　标题+纲要式过渡页

过渡页的基本组成如图 12-19 所示。过渡页的设计要点如下。
（1）过渡页的页面标识和页码要同目录页保持完全的统一。
（2）过渡页的设计在颜色、字体、布局等方面要和目录页保持一致，但布局可以稍有变化。
（3）过渡页可以通过颜色对比的方式，展示 PPT 当前内容的进度。
（4）独立设计的过渡页，最好能够展示该章节的内容提纲。

12.5.5　设计封底页

一般人可能会忽略对封底的设计，因为封底毕竟只是表达感谢和保留作者信息，没有太大的作用。但是，要让 PPT 在整体上形成统一的风格，就需要专门针对 PPT 设计封底。

封底的设计在颜色、字体、布局等方面要和封面保持一致，封底的图片同样需要和 PPT 主题保持一致，或选择表达致谢的图片。

12.5.6　设计标题

标题栏顾名思义是展示 PPT 标题的地方。

1. 设计正文标题

PPT 的每一个内容页，都应有明确的标题，就像网站的导航条一般，可以让 PPT 的受众者能够随时了解当前内容在整个 PPT 中的位置，如同给 PPT 的每一页都安装了一个 GPS，这样，PPT 的受众者就能牢牢地跟上 PPT 表述者的思路了。还可以通过设置不同的主题颜色区分不同的章节，更方便 PPT 受众者对 PPT 内容进度的准确把握。

标题栏是 PPT 主要风格的体现，设计要点如下。
（1）各章节共同的部分可在母版中"Office 主题"设置，具体章节标题可根据需要选择是否在母版中设置。
（2）如果 PPT 的逻辑层次较多，标题栏至少要设计两级标题。
（3）标题栏一定要简约、大气，最好能够具有设计感或商务风格。
（4）标题栏中相同级别标题的字体和位置要保持一致，不要把逻辑搞混。
正文标题设计样例如图 12-20 所示。

图 12-20　正文标题设计样例

2. 设计局部标题

局部标题指除一级标题、二级标题、三级标题等逻辑标题之外的各局部内容的标题,也可以称为子标题。

【分步训练】

【任务 12-1】 创建企业形象礼仪培训的演示文稿"任务 12-1.pptx"

【任务描述】

创建企业形象礼仪培训的演示文稿"任务 12-1.pptx",具体要求如下。

(1) 在该演示文稿中添加多张幻灯片,包括封面页、目录页、内容页和封底页,在各个页面中根据需要输入文本内容、插入图片或图形等元素。

(2) 合理设置幻灯片对象的动画效果。

(3) 合理设置幻灯片的切换效果。

【任务实现】

创建演示文稿"任务 12-1.pptx",添加 1 张幻灯片。

1. 封面页设计

封面页包括多个文本框、图形和多张图片,其外观效果,如图 12-21 所示。

图 12-21 封面页的外观效果

设置"企业形象"文字缩放动画的过程如下。

(1) 选中"企业形象"文本框,在【动画】选项卡【动画】组的进入动画列表中选择"缩放"动画,如图 12-22 所示。

图 12-22　在【动画】选项卡【动画】组的进入动画列表中选择"缩放"动画

（2）在【动画】选项卡【高级动画】单击【动画窗格】按钮，显示【动画窗格】面板，在【动画窗格】面板中选中刚才添加的动画，单击右键，在弹出的快捷菜单中选择【效果选项】命令，如图 12-23 所示。在打开的【缩放】对话框【效果】选项卡中将"动画文本"设置为"按字母"，然后在选项卡下方设置"字母之间延迟"为"5%"，如图 12-24 所示。

图 12-23　在快捷菜单中
选择【效果选项】命令

图 12-24　在【缩放】对话框【效果】选项卡中
设置"动画文本""字母之间延迟"

在【动画窗格】中单击【播放自】预览文本框的动画效果。

根据表 12-1 所示的要求对演示文稿"任务 12-1.pptx"第 1 张幻灯片中各个对象设置合适的动画效果。

表 12-1　演示文稿"任务 12-1.pptx"第 1 张幻灯片中各个对象的动画设置要求

序号	对象名称或文本内容	动画名称	动画类型	效果选项	开始方式	持续时间
1	企业形象	缩放	进入	对象中心	上一动画之后	00.50
2	"礼仪培训"文本框与泪滴形组合	轮子	进入	4 轮辐图案	上一动画之后	02.00
3	企业形象意味着企业效益	缩放	进入	按段落	上一动画之后	00.50
4	多个矩形	缩放	进入	对象中心	与上一动画同时	00.50
5	企业形象意味着企业效益	脉冲	强调	按段落	上一动画之后	00.50
6	多个矩形	脉冲	强调	—	与上一动画同时	00.50
7	Enterprise image means enterprise benefit	飞入	进入	自顶部、按字母	上一动画之后	00.50
8	Enterprise image means enterprise benefit	脉冲	强调	按字母	上一动画之后	00.50

续表

序号	对象名称或文本内容	动画名称	动画类型	效果选项	开始方式	持续时间
9	企业形象就是展示企业的最好名片	出现	进入	作为一个对象	上一动画之后	自动
10	多个圆形的组合	进入	弹跳	—	上一动画之后	02.00
11	图片	进入	淡出	—	上一动画之后	01.25
12	图片	进入	飞入	（自选）	与上一动画同时	01.00
13	图片	强调	陀螺旋	顺时针，完全旋转	与上一动画同时	01.00

其中文字"Enterprise image means enterprise benefit"的动画设置过程如下。

选中文字所在的文本框，在【动画】选项卡【动画】组中选择【飞入】动画。

然后在【动画】选项卡【高级动画】组中单击【添加动画】按钮，在下拉列表中选择【强调】组中的【脉冲】动画。

然后在【动画窗格】面板中同时选中之前添加的两个动画，单击右键，在弹出的快捷菜单中选择【效果选项】命令，在打开的【飞入】对话框中将效果选项卡中"动画文本"设置为"按字母"，然后在下方设置延迟百分比为1%。

单独选中"飞入"进入动画，单击右键，在弹出的快捷菜单中选择【效果选项】，在【效果】选项卡中设置"方向"为"自顶部"，设置"弹跳结束"时间为"0.3 秒"，如图 12-25 所示，单独选中"脉冲"强调动画，单击右键，在弹出的快捷菜单，选择开始方式为"从上一项之后开始"，至此动画设置完成。

封面下方多张图片的延迟按 0.1 依次递增进行设置。

2. 目录页设计

目录页包括多个文本框、图形和多张图片，其外观效果如图 12-26 所示。

图 12-25 在【飞入】对话框中设置飞入效果

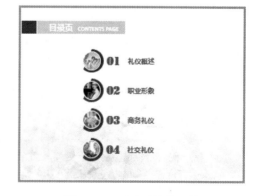

图 12-26 目录页的外观效果

首先选择 4 张图片与弧形组合，在【动画】选项卡【高级动画】组中单击【添加动画】，选择进入动画"淡出"。

然后选择 4 个数字文本框和 4 个文本框，选择进入动画"擦除"，设置"效果选项"为"自左侧"。在【动画窗格】中选中所有 8 个动画，将"开始"方式设置为"上一动画之后"，【持续时间】设置为 0.5。同时还要调整 12 个动画的顺序，形成从上往下的显示顺序，在每一行中则自左向右显示。

接下来，同时选中第 2、3、4 行的组合框、数字文本框、文本框，选择强调动画"变淡"，再选中第 1 行的数字文本框和文本框，选择强调动画"字体颜色"，并在【效果选项】列表中将文字颜色设置为"深红"。

在【动画窗格】中选中最后 8 个动画，将"开始"方式设置为"与上一动画同时"，"持续时间"设置为 0.5，"延迟"设置为 0.5。至此完成目录页整组动画的设置。

3. 第 3 张幻灯片设计

第 3 张幻灯片包括多个文本框、图形，其外观效果如图 12-27 所示。

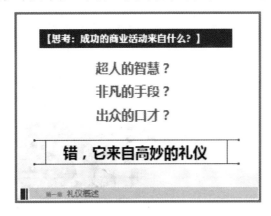

图 12-27　第 3 张幻灯片的外观效果

根据表 12-2 所示的要求对演示文稿"任务 12-1.pptx"第 3 张幻灯片中各个对象设置合适的动画效果。

表 12-2　演示文稿"任务 12-1.pptx"第 3 张幻灯片中各个对象的动画设置要求

序号	对象名称或文本内容	动画名称	动画类型	效果选项	开始方式	持续时间
1	上方的矩形	劈裂	进入	左右向中央收缩	上一动画之后	00.50
2	【思考：成功的商业活动来自什么？】	字体颜色	强调	橙色	上一动画之后	02.00
3	中部的文本框	缩放	进入	按字母	单击时	00.50
4	2 根横线与 2 根竖线的组合	擦除	进入	自左侧	单击时	00.50
5	错，它来自高妙的礼仪	形状	进入	切入、圆	上一动画之后	02.00
6	错，它来自高妙的礼仪	加粗闪烁	强调	—	上一动画之后	02.00

4. 第 4 张幻灯片设计

第 4 张幻灯片包括多个文本框、图形和图片，其外观效果如图 12-28 所示。

根据表 12-3 所示的要求对演示文稿"任务 12-1.pptx"第 4 张幻灯片中各个对象设置合适的动画效果，这里主要演示图片的缩放效果。

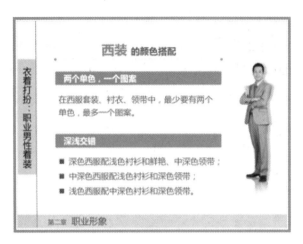

图 12-28　第 4 张幻灯片的外观效果

表 12-3　演示文稿"任务 12-1.pptx"第 4 张幻灯片中各个对象的动画设置要求

序号	对象名称	动画名称	动画类型	开始方式	效果选项	持续时间	延迟
1	小图片	浮入	进入	上一动画之后	上浮	01.00	00.00
2	小图片	基本缩放	退出	单击时	切出	00.50	00.00
3	大图片	基本缩放	进入	与上一动画同时	切入	00.50	00.00
4	大图片	缩放	退出	单击时	对象中心	00.50	00.00
5	小图片	缩放	进入	与上一动画同时	对象中心	00.50	00.00

5．第 5 张幻灯片设计

第 5 张幻灯片包括多个文本框、图形和两张图片，其外观效果如图 12-29 所示。

图 12-29　第 5 张幻灯片的外观效果

第 5 张幻灯片图片的动画设置过程如下。

（1）设置幻灯片中两张图片的进入动画为"飞入"，开始方式设置为"单击时"，持续时间设置为"0.3"秒。

（2）选中幻灯片左侧图片，设置其动作路径为"直线"，开始方式设置为"与上一动画同时"，持续时间设置为"0.5"秒，延迟设置为"0.3"秒。调整动画顺序，将该动画上移至第 2 的位置，即在左侧图片飞入之后进行直线移动。

（3）选中幻灯片左侧图片，【动画窗格】中的两个设置动画也自动选中，单击右键，在弹出的菜单中选择【计时】命令，打开【效果选项】对话框，并切换到【计时】选项卡，在该选项卡中单击【触发器】按钮，显示 3 个单选按钮，单击中间的单选按钮"单击下列对象时启动效果"，并且在其右侧的列表中选择"文本框 6:稳重的坐"，如图 12-30 所示。然后单击【确定】按钮关闭该对话框即可。

图 12-30 在【效果选项】对话框的【计时】选项卡中设置触发启动效果

（4）选中幻灯片右侧图片，设置与左侧图片同样的"直线"动作路径，参数设置也相同。

（5）为幻灯片右侧图片设置"陀螺旋"的强调动画，开始方式设置为"上一动画之后"，持续时间设置为"0.5"秒。

（6）按住【Ctrl】键，在【动画窗格】依次选中幻灯片右侧图片的 3 个动画，然后在【动画】选项卡【高级动画】组中单击【触发】按钮，并在弹出的下拉菜单中指向【单击】选项，然后在【单击】的子菜单中单击选择【文本框 8】，即幻灯片文字"优雅的走"对应的文本框，如图 12-31 所示。

图 12-31 在【单击】子菜单中选择"文本框 8"

至此第 5 张幻灯片中图片对象的动画设置完成，这里应用了单击触发设置，播放幻灯片时，当单击【稳重的坐】对应的文本框时显示左侧图片的 2 个动画效果；当单击【优雅的走】对应的文本框时显示右侧图片的 3 个动画效果，并反复单击可以不断重复显示动画效果。

6. 第 6 张幻灯片设计

第 6 张幻灯片主要包括 4 张图片，其外观效果如图 12-32 所示。

图 12-32　第 6 张幻灯片的外观效果

根据表 12-4 所示的要求对演示文稿"任务 12-1.pptx"第 6 张幻灯片中各个对象设置合适的动画效果，这里主要演示图片的进入、强调和退出动画效果。

表 12-4　演示文稿"任务 12-1.pptx"第 6 张幻灯片中左上角图片的动画设置要求

序号	对象名称	动画名称	动画类型	开始方式	效果选项	持续时间
1	左上角图片	轮子	进入	单击时	1 轮辐图案	02.00
2		放大/缩小	强调	上一动画之后	两者，较大	02.00
3		形状	退出	上一动画之后	切出，圆	02.00

在幻灯片中左上角图片的 3 个动画设置完成后，选中该图片，双击【动画】选项卡【高级动画】组中的【动画刷】，然后依次单击"右下角图片""左下角图片""右上角图片"，使得其他 3 张图片的动画设置与左上角图片完全相同。

再一次选中幻灯片中的 4 张图片，设置进入动画为"出现"。

当幻灯片播放时，每张图片会依次显示进入、强调、退出的动画效果，最后出现 4 张图片。

7. 第 7 张幻灯片设计

第 7 张幻灯片主要包括图表，其外观效果如图 12-33 所示。

插入图表的过程如下。

（1）在【插入】选项卡【插图】组中单击【图表】按钮，打开【更改图表类型】对话框，在该对话框中单击选择【饼图】，选择默认的饼图类型，如图 12-34 所示。然后单击【确定】按钮关闭对话框。

单元 12　设计与制作教学培训 PPT

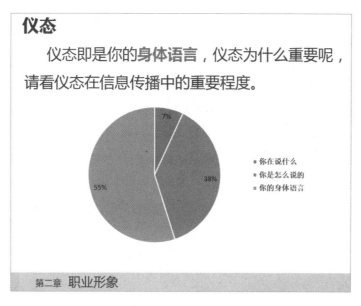

图 12-33　第 7 张幻灯片的外观效果

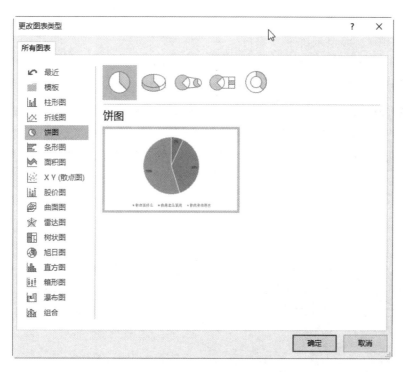

图 12-34　在【更改图表类型】对话框中选择【饼图】

（2）在幻灯片中插入饼图图表，并且打开图表的 Excel 数据源，在 Excel 工作表中第 1 行第 2 单元格图表标题位置输入"比例"，第 2 行分别输入"你在说什么""7%"；在第 3 行分别输入"你是怎么说的""38%"；在第 4 行分别输入"你的身体语言""55%"，在幻灯片中显示的饼图图表与 Excel 工作表中输入的文字和数据，如图 12-35 所示。

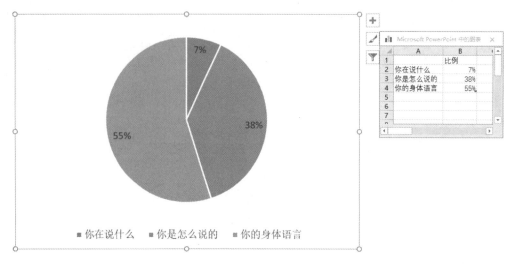

图 12-35 在幻灯片中插入图表与打开图表数据源

(3) 选中幻灯片中插入的图表，单击图表右上角的【图表元素】按钮，显示的图表元素列表中先取消"图表标题"复选框的选中状态，即幻灯片不显示图表标题，然后指向选中的"数据标签"复选框，并且单击子菜单列表【展开】按钮▶，在子菜单中选择【最佳位置】命令，如图 12-36 所示。

图表仍处于选中状态，在"图表元素"列表中指向选中的"图例"复选框，并且单击子菜单列表【展开】按钮▶，在子菜单中选择【右】命令，如图 12-37 所示。

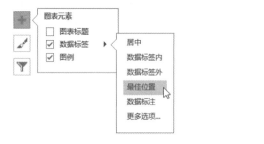

图 12-36 选择"数据标签"的【最佳位置】选项

图 12-37 选择"图例"的"右"选项

(4) 关闭 Excel 数据源，完成图表的插入。

给饼图设置动画的过程如下。

(1) 选中幻灯片中的饼图图表，在【动画】选项卡【动画】组中选择进入动画"轮子"，为图表设置轮子进入动画。

(2) 打开【动画窗格】面板，并在该面板中选中刚才所添加的动画，单击右键，在弹出的菜单中选择【效果选项】命令，在出现的【轮子】对话框中有一个名为【图表动画】的图表对象特有的选项卡，切换到【图表动画】选项卡，在【组合图表】下拉框中选择"按分类"选项，如图 12-38 所示，如此设置以后，在饼图中的每个分类扇区就可以依次显示轮子的动画效果。

然后单击【确定】按钮关闭【轮子】对话框。

(3) 在【图表动画】选项中选择【按分类】方式以后，【动画窗格】中就会出现一组动画序列，单击箭头可以展开显示这组动画序列，这就是饼图各个扇区的动画效果序列，可以为每个扇区指定不同的动画开始方式、持续时间、延迟时间等设置,也可以单独删除其中的一个或多个扇区的动画效果。

图 12-38　在【组合图表】下拉框中选择"按分类"选项

经过上述设置后,在幻灯片播放过程中,饼图的每个扇区会依照设定的启动方式和持续时间依次以轮辐方式动态展开各个扇区形状。

更改幻灯片中图表类型的过程如下。

(1) 选中幻灯片中的饼图图表,在【插入】选项卡【插图】组单击【图表】按钮,打开【更改图表类型】对话框,在该对话框中单击选择【柱形图】的"簇状柱形图",如图 12-39 所示,单击【确定】按钮关闭该对话框。这样幻灯片中的饼图就更改为柱形图。

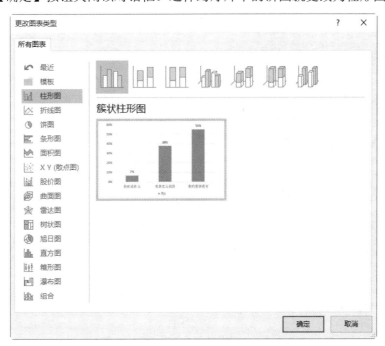

图 12-39　在【更改图表类型】对话框中选择"柱形图"的"簇状柱形图"

(2) 选中幻灯片的柱形图,单击右上角的【图表样式】按钮 ,在显示的样式列表中选择"样式 10",如图 12-40 所示。

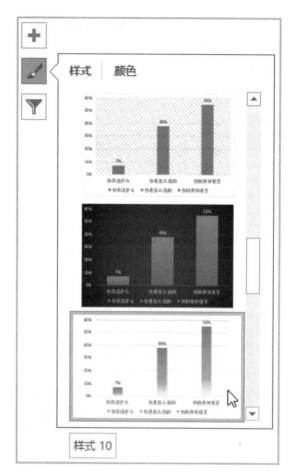

图 12-40　在"图表样式"列表中选择"样式 10"

（3）幻灯片中的柱形图处于选中状态，单击右上角的【图表元素】按钮，然后单击"坐标轴"右侧的展开按钮▶，在显示的"坐标轴"子菜单中可以取消"主要横坐标轴"或"主要纵坐标轴"，也可以两者都取消，如图 12-41 所示。

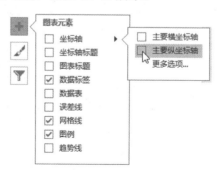

图 12-41　取消"坐标轴"

为柱形图设置动画的操作方法与设置饼图动画基本相同，通常会选择向上【擦除】动画。如果想要在柱形图中重点强调某个柱形数据，可以将其他柱形的动画删除，只保留需要强调对象的动画效果。

如果柱形图中包含多个数据序列，在如图 12-42 所示【擦除】对话框【图表动画】选项卡"组合图表"的效果选项列表中包含"按系列""按分类""按系列中的元素""按分类中的元素"4 种不同的效果选项，其中"按系列中的元素""按分类中的元素"表示可以将各个柱形的动画分别进行，这里选择"按系列中的元素"选项，如图 12-42 所示。

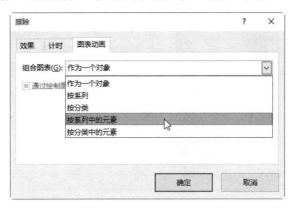

图 12-42　在"组合图表"的效果选项列表中选择"按系列中的元素"选项

除了饼图、柱形图以外，环形图可以参照饼图进行动画设置；折线图和条形图可以参照柱形图进行动画设置；散点图、气泡图可以考虑采用"出现"、"淡出"和"缩放"等动画效果。

8．第 8 张幻灯片设计

第 8 张幻灯片主要包括直接连接符、文本框和图片，其外观效果如图 12-43 所示。

图 12-43　第 8 张幻灯片的外观效果

幻灯片上方的标题位置包括多根线条，将这些线条的进入动画设置为"擦除"，效果选项从左至右依次设置为"自顶部""自左侧""自底部""自右侧"；将幻灯片右侧线条的进入动画设置为"擦除"，效果选项设置为"自顶部"。

将幻灯片上方文本框的进入动画设置为"淡出"，其他文本框和图片的进入动画设置为"浮入"即可。

9. 第 9 张幻灯片设计

第 9 张幻灯片主要包括直接连接符、文本框和 2 张图片，其外观效果如图 12-44 所示。

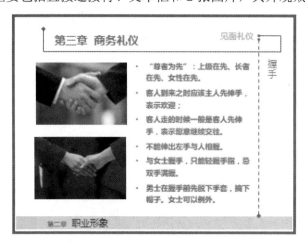

图 12-44　第 9 张幻灯片的外观效果

选择第 1 张图片，其进入动画设置为"缩放"，开始方式设置为"上一动画之后"，持续时间设置为"0.5"秒。强调动画设置为"放大/缩小"，开始方式为"与上一动画同时"。

打开【动画窗格】面板，在该面板选择刚设置的强调动画，单击右键，在弹出的菜单中选择【计时】命令，打开【放大/缩小】对话框，并显示【计时】选项卡，在"重复"列表中选择"直到幻灯片末尾"选项，如图 12-45 所示。

图 12-45　在"重复"列表中选择"直到幻灯片末尾"选项

单击【确定】按钮完成"计时"设置。

这样设置完成后，在播放幻灯片时，强调动画会重复播放多次，直到切换幻灯片时才停止播放强调动画。

10. 第 10 张幻灯片设计

第 10 张幻灯片主要包括直接连接符和文本框，其外观效果如图 12-46 所示。

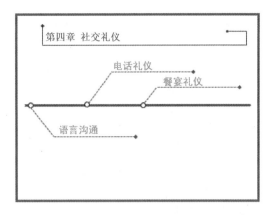

图 12-46　第 10 张幻灯片的外观效果

第 10 张幻灯片中直接连接符的进入动画都设置为"擦除",文本框的进入动画都设置为"浮入",开始方式和持续时间根据需要进行设置即可。

11. 第 11 张幻灯片设计

第 11 张幻灯片主要包括背景图片、文本框和数张树叶形状的小图片,其外观效果如图 12-47 所示。

图 12-47　第 11 张幻灯片的外观效果

在幻灯片中插入多张树叶形状的小图片,将置于幻灯片左侧边缘外边。"谢谢"对应的文本框进入动画设置为"弹跳"。

根据表 12-5 所示的要求对演示文稿"任务 12-1.pptx"第 11 张幻灯片中各张树叶形状的小图片设置动画效果,实现树叶漂浮的动画效果。

表 12-5　演示文稿"任务 12-1.pptx"第 11 张幻灯片中树叶形状小图片的动画设置要求

序号	对象名称	动画名称	动画类型	开始方式	效果选项	持续时间	延迟时间
1	树叶形状的小图片	基本旋转	进入	与上一动画同时	水平	13.00	00.00
2		陀螺旋	强调	与上一动画同时	顺时针,完全旋转	13.00	05.00
3		自定义路径	动作路径	与上一动画同时	—	13.00	05.00

打开【动画窗格】面板,在该面板中选中刚设置的树叶形状小图片 3 种动画效果,单击右键,在弹出的菜单中选择【计时】命令,打开【效果选项】对话框,并显示【计时】选项卡,可以发现"期间"已设置为"13 秒",在"重复"列表中选择"直到幻灯片末尾"选项,

如图 12-48 所示，然后单击【确定】按钮即可。这样设置完成后，树叶形状的小图片一直重复显示所设置的动画，直接幻灯片结束播放。

图 12-48　在【效果选项】对话框【计时】选项卡中选择"直到幻灯片末尾"选项

其他树叶形状的小图片也设置类似的动画效果，自定义路径通过手动绘制，持续时间和延迟时间根据需要灵活进行设置。

12. 设置幻灯片的切换效果

在 PowerPoint 中单击【切换】，可以切换到【切换】选项卡，该选项卡用于设置幻灯片的"切换"效果，如图 12-49 所示。

图 12-49　PowerPoint 的【切换】选项卡

在【切换】列表框中单击【其他】按钮，可以展开所有的"切换"效果列表，如图 12-50 所示。PowerPoint 的"切换"效果包括"细微型""华丽型""动态内容"3 大类 40 多种切换效果。每种切换效果还可以通过【效果选项】设置更多不同的变化。

图 12-50　"切换"效果列表

选中 1 张或多张幻灯片，然后在"切换"效果列表中选择某种切换效果就可以将幻灯片设置成某种效果。通过【切换】选项卡【计时】组还可以设置声音、持续时间、换片方式等，如图 12-51 所示。单击【全部应用】可以为所有幻灯片应用同一种切换效果。

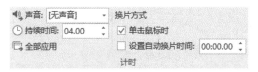

图 12-51 【切换】选项卡【计时】组

根据表 12-6 所示的要求对演示文稿"任务 12-1.pptx"各张幻灯片设置切换效果。

表 12-6 演示文稿"任务 12-1.pptx"各张幻灯片的切换效果

幻灯片序号	切换效果	持续时间	幻灯片序号	切换效果	持续时间
1	涡流	04.00	7	门	01.40
2	涟漪	01.40	8	旋转	02.00
3	蜂巢	04.40	9	窗口	01.50
4	库	01.60	10	擦除	01.00
5	立方体	01.20	11	切换	01.25
6	框	01.60			

【引导训练】

【任务 12-2】 创建实用礼仪培训的演示文稿"任务 12-2.pptx"

【任务描述】

创建实用礼仪培训的演示文稿"任务 12-2.pptx"，具体要求如下。
（1）在该演示文稿中添加多张幻灯片，包括封面页、目录页、过渡页、内容页和封底页，对其母版的版式结构和各个页面进行设计。
（2）在各个页面中，根据需要输入文本内容、插入图片或图形等元素。

【任务实现】

创建演示文稿"任务 12-2.pptx"，添加 1 张幻灯片。

1. 演示文稿"任务 12-2.pptx"幻灯片母版设计

演示文稿"任务 12-2.pptx"的母版设计要求如表 12-7 所示。

表 12-7 演示文稿"任务 12-2.pptx"母版的设计要求

母版页面序号	页面外观	页面布局特点	页面组成元素
1	如图 W12-13 所示	上下排列的文字	文本框，中间的标题设置"发光""阴影"文字效果

续表

母版页面序号	页面外观	页面布局特点	页面组成元素
2	如图 W12-14 所示	图文型目录，位于偏右侧，且对称排列	泪滴形图形、圆形图片、矩形、文本框
3	如图 W12-15 所示	左侧为节标题，右侧显示当前章标题	泪滴形图形、圆形图片、矩形、文本框、线条
4	如图 W12-16 所示	上方为多条线条构成的形状	线条、文本框
5	如图 W12-17 所示	左侧为节标题，右侧显示当前章标题	泪滴形图形、圆形图片、矩形、文本框、线条
6	如图 W12-18 所示	左上方为虚线条、页面下方为章标题、页码和当前章标识	线条、矩形、圆形、文本框
7	如图 W12-19 所示	左侧为节标题，右侧显示当前章标题	泪滴形图形、圆形图片、矩形、文本框、线条
8	如图 W12-20 所示	左上方为虚线条、页面下方为章标题、页码和当前章标识	线条、矩形、圆形、文本框
9	如图 W12-21 所示	左侧为节标题，右侧显示当前章标题	泪滴形图形、圆形图片、矩形、文本框、线条
10	如图 W12-22 所示	矩形偏上，文本框偏右，文字设置"映像"文本效果	矩形、文本框

2. 演示文稿"任务 12-2.pptx"各个幻灯片页面设计

演示文稿"任务 12-2.pptx"各个幻灯片页面的设计要求如表 12-8 所示。

表 12-8　演示文稿"任务 12-2.pptx"各个幻灯片页面的设计要求

母版页面序号	页面外观	页面布局特点
4	如图 W12-23 所示	页面整体为左右布局，左侧为图片，右侧为文本内容，上下文本框之间有较大的间隔
5	如图 W12-24 所示	页面整体由一竖线分隔为左右两部分，左侧较宽，右侧较窄。右侧上方为文本框与圆形的组合，下方为竖排文本框。左侧的书形状由矩形和圆角矩形构成，并设置了圆角矩形的形状填充和形状效果，竖线由实线条构成，外框由矩形构成，文本内容输入在竖排文本框中。左侧下方为文本框
7	如图 W12-25 所示	页面整体为左右对称布局，上方为人形图片，下方为文本框
8	如图 W12-26 所示	页面内容居中排列，上方为文本内容的标题；左侧为关键词、字号较大，醒目，右侧为关键词解释内容、字号较小
9	如图 W12-27 所示	页面内容居中排列，上方为文本内容的标题，下方为关键词及其说明；左、右两侧对称排列西装图片和穿西装的图片，对应的图片是文字的形象化解释
10	如图 W12-28 所示	页面内容偏右侧排列，上方为文本内容的标题，下方为关键词及其说明；左侧排列两张图片
11	如图 W12-29 所示	页面内容偏左侧排列，上方为文本内容的标题，下方为文本内容；右侧排列 1 张站立图片
13	如图 W12-30 所示	页面中部排列常用礼貌用语，字号较大，非常醒目，其上方和下方排列说明文字
14	如图 W12-31 所示	页面内容偏右排列，右下角并列软垫式言辞、拜托语气

单元 12　设计与制作教学培训 PPT

续表

母版页面序号	页面外观	页面布局特点
15	如图 W12-32 所示	页面左侧使用图形、图片、文本框组合，排列关键词"时间""空间""时长"，右侧为较详细的说明文字
16	如图 W12-33 所示	页面左侧使用图形、图片、文本框组合显示关键词"内容"，右侧为拨打电话的常用内容，中部使用五边形和燕尾形醒目排列关键词
18	如图 W12-34 所示	左则为文本标题和文本内容，右侧为介绍示意图片

【创意训练】

【任务 12-3】 创建时间管理技能培训的演示文稿"任务 12-3.pptx"

提示：请扫描二维码浏览任务描述和操作提示内容。

参 考 文 献

[1] 陈承欢. 办公软件应用任务驱动式教程（Windows 7+Office 2010）[M]. 北京：人民邮电出版社，2014.

[2] 陈遵德. Office 2010 高级应用案例教程[M]. 北京：高等教育出版社，2014.

[3] 德胜书坊. Word·Excel·PPT 现代商务办公从新手到高手[M]. 北京：中国青年出版社，2009.

[4] 眭碧霞. 计算机应用基础任务化教程（Windows7+Office 2010）[M]. 北京：高等教育出版社，2016.

[5] 吴卿. 办公软件高级应用实践教程[M]. 北京：浙江大学出版社，2013.

[6] 雏志资讯. Excel 办公高手应用技巧[M]. 北京：人民邮电出版社，2014.

[7] 张文霖，刘夏璐，狄松. 谁说菜鸟不会数据分析[M]. 北京：人民邮电出版社，2014.

[8] 雏志资讯. 2010PPT 设计技巧精粹[M]. 北京：人民邮电出版社，2016.

[9] 司晓露. 文秘办公自动化[M]. 北京：人民邮电出版社，2013.

反侵权盗版声明

电子工业出版社依法对本作品享有专有出版权。任何未经权利人书面许可，复制、销售或通过信息网络传播本作品的行为，歪曲、篡改、剽窃本作品的行为，均违反《中华人民共和国著作权法》，其行为人应承担相应的民事责任和行政责任，构成犯罪的，将被依法追究刑事责任。

为了维护市场秩序，保护权利人的合法权益，我社将依法查处和打击侵权盗版的单位和个人。欢迎社会各界人士积极举报侵权盗版行为，本社将奖励举报有功人员，并保证举报人的信息不被泄露。

举报电话：（010）88254396；（010）88258888
传　　真：（010）88254397
E-mail：　dbqq@phei.com.cn
通信地址：北京市海淀区万寿路173信箱
　　　　　电子工业出版社总编办公室
邮　　编：100036